KONGJIANHE
SHIJIAN DE ZONGHETI

空间和时间的综合体——宇宙

地球百科 日食与月食

DIQIU BAIKE
RISHI YU YUESHI

姜廷午◎编

吉林出版集团 | 吉林摄影出版社
·长春·

图书在版编目(CIP)数据

地球百科日食与月食 / 姜廷午编. —长春 : 吉林摄影出版社，2013.6
(空间和时间的综合体——宇宙)
ISBN 978-7-5498-1635-4

Ⅰ.①地… Ⅱ.①姜… Ⅲ.①日食-青年读物②日食-少年读物③月食-青年读物④月食-少年读物 Ⅳ.①P125.1-49

中国版本图书馆 CIP 数据核字(2013)第 099115 号

地球百科日食与月食 DIQIU BAIKE RISHI YU YUESHI

编　　者　姜廷午
出 版 人　孙洪军
责任编辑　金　怡
封面设计　马筱琨
开　　本　710mm×1000mm　1/16
字　　数　180 千字
印　　张　12
印　　数　1~5000 册
版　　次　2013 年 7 月第 1 版
印　　次　2013 年 7 月第 1 次印刷

出　　版　吉林出版集团
吉林摄影出版社
发　　行　吉林摄影出版社
地　　址　长春市泰来街 1825 号
邮编:130062
电　　话　总编办:0431-86012616
发行科:0431-86012828
印　　刷　永清县晔盛亚胶印有限公司

ISBN 978-7-5498-1635-4　　定价:29.80 元

前 言
PREFACE

日食与月食是天文现象中比较普通的一种，但是在古代，却给古人造成了很大的困惑，这个在现代人看来很普通的天文现象，足足迷惑了他们几千年。

在古代中国，人们认为这个吞掉太阳和月亮的大怪物是一只天狗。在古代印度，人们认为这个大怪物是一个魔鬼。于是，每当日食或月食发生时，人们就焦急地用燃放鞭炮、敲锣打鼓等办法驱赶怪物，拯救太阳和月亮。

那么，日食和月食到底是怎么一回事？科技发展到如今，几乎所有的人都知道地球是围绕着太阳公转的，月亮又围绕着地球公转。当日、地、月三者成一条直线的时候，月球挡住了太阳的光线或者地球挡住了太阳的光，日食、月食就发生了。

虽然日食、月食已经广为人知，但是还有许多不为人所熟悉的知识，所以，为了让广大读者朋友全面地了解日食和月食，我们组织编写了这本《地球百科日食与月食》。在本书中，我们不但详细地介绍了日食和月食的发生原理，例如：如何观测日食和月食，日食和月食对人们生活产生的影响等，也介绍了和日食、月食关系密切的一些天文知识。

我们相信，广大读者朋友读了本书以后，不但会全面地掌握日食和月食的知识，而且还会慢慢地爱上天文观测，说不定，将来还会成为一名真正的天文工作者。真心地希望，本书是你们爱上天文学的开始。

目　录
CONTENTS

璀璨无比的宇宙

日食和月食的趣闻

日食和月食的发生主角

神奇的日食现象

神奇的月食现象

日食和月食的观测方法

日食和月食对人类的影响

璀璨无比的宇宙

比大地还广袤的是天空，比天空更深远的是宇宙，我们人类就是生活在浩渺宇宙中的微小生物。人类虽然微小，但也不能阻止人类探索宇宙的进程。宇宙到底是什么样子的？宇宙是怎么诞生的？宇宙中都有哪些神秘的天体？

这些，都将在本章中一一地为您揭开。宇宙对于人类来说，是神秘的。这种神秘更激发人类探索它的欲望，现在，人类的航天事业已经有了进一步的发展，相信在不久的将来，人类能知道宇宙的更多秘密。

宇宙是怎样诞生的

我们所处的宇宙是如何诞生的呢？迄今为止，科学家们对这个问题也没有取得一致的意见。不过，宇宙是从大爆炸中产生的这一理论已为大部分人所接受。

大爆炸是一种学说，是根据天文观测研究后得到的一种设想。大约在150亿年前，宇宙中的所有物质都高度密集在一点，有着极高的温度，因而发生了巨大的爆炸。大爆炸以后，物质开始向外大扩张大膨胀，就形成了今天我们看到的宇宙。

大爆炸的整个过程是复杂的，现在只能从理论研究的基础上，描绘过去远古的宇宙发展史。在这150亿年中先后诞生了星系团、星系、我们的银河系、恒星、太阳系、行星、卫星等。现在我们看见的和看不见的一切天体和宇宙物质，形成了当今的宇宙形态，人类就是在这一宇宙演变中诞生的。

人们是怎样推测出曾经可能有过宇宙大爆炸呢？这就要依赖天文学的观测

和研究。我们的太阳只是银河系中的一两千亿个恒星中的一个。像我们银河系同类的恒星系——河外星系还有千千万万。从观测中发现了那些遥远的星系都在远离我们而去，离我们越远的星系，飞奔的速度越快，因而形成了膨胀的宇宙。

对此，人们开始反思，如果把这些向四面八方游离中的星系聚拢回来，它们可能当初是从同一源头发射出去的，是不是在宇宙之初发生过一次难以想象的宇宙大爆炸呢？后来又观测到了充满宇宙的微波背景辐射，就是说大约在137亿年前宇宙大爆炸所产生的余波虽然是微弱的但确实存在。这一发现对宇宙大爆炸是个有力的支持。

星光璀璨的宇宙

宇宙大爆炸理论是现代宇宙学的一个主要流派，它能较满意地解释宇宙中的一些根本问题。宇宙大爆炸理论虽然在20世纪40年代才提出，但20年代以来就有了萌芽。20世纪20年代时，若干天文学者均观测到，许多河外星系的光谱线与地球上同种元素的谱线相比，都有波长变化，即红移现象。到了1929年，美国天文学家哈勃总结出星系谱线红移星与星系同地球之间的距离成正比的规律。他在理论中指出：如果认为谱线红移是多普勒效应的结果，则意味着河外星系都在离开我们向远方退行，而且距离越远的星系远离我们的速度越快。

1932年，勒梅特首次提出了现代宇宙大爆炸理论，经伽莫夫修改过的勒梅特理论在宇宙论中居于主导地位：整个宇宙最初聚集在一个“原始原子”中，后来发生了大爆炸，碎片向四面八方散开，形成了我们的宇宙。

美籍俄国天体物理学家伽莫夫第一次将广义相对论融入到宇宙理论中，提出了热大爆炸宇宙学模型：宇宙开始于高温、高密度的原始物质，最初的温度超过几十亿度，随着温度的继续下降，宇宙开始膨胀。

20世纪60年代，彭齐亚斯和威尔逊发现了宇宙大爆炸理论的新的有力证据，他们发现了宇宙背景辐射，后来他们证实宇宙背景辐射是宇宙大爆炸时留下的遗迹，从而为宇宙大爆炸理论提供了重要的依据。他们在测定银晕气体射电强度时，在 7.35 厘米波长上，意外探测到一种微波噪声，无论天线转向何方，无论白天黑夜，春夏秋冬，这种神秘的噪声都持续而稳定。

霍 金

这一发现使天文学家们异常兴奋，他们早就估计到当年大爆炸后，今天总会留下点什么，每一个阶段的平衡状态，都应该有一个对应的等效温度，作为时间前进的嘀嗒声。彭齐亚斯和威尔逊也因此获 1978 年诺贝尔物理学奖。

20 世纪科学的智慧和毅力在霍金的身上得到了集中的体现。他对于宇宙起源后 10 ~ 43 秒以来的宇宙演化图景作了清晰的阐释，宇宙的起源：最初是比原子还要小的奇点，然后是大爆炸，通过大爆炸的能量形成了一些基本粒子，这些粒子在能量的作用下，逐渐形成了宇宙中的各种物质。至此，大爆炸宇宙模型成为最有说服力的宇宙图景理论。

知识点

银河系

银河系是太阳系所在的恒星系统，包括 1 200 亿颗恒星和大量的星团、星云，还有各种类型的星际气体和星际尘埃。它的直径约为 10 多万光年，中心厚度约为 1.2 万光年，总质量是太阳质量的 1 400 亿倍。银河系是一个漩涡星系，具有漩涡结构，即有一个银心和两个旋臂，旋臂相距 4 500 光年。太阳位于银河系一个支臂猎户臂上，至银河中心的距离大约是 26 000 光年。

延伸阅读

人和宇宙

从20世纪60年代开始，由于人择原理的提出和讨论，出现了人类存在和宇宙产生的关系问题。人择原理认为，可能存在许多具有不同物理参数和初始条件的宇宙，但只有物理参数和初始条件取特定值的宇宙才能演化出人类，因此我们只能看到一种允许人类存在的宇宙。人择原理用人类的存在去约束过去可能有的初始条件和物理定律，减少它们的任意性，使一些宇宙学现象得到解释，这在科学方法论上有一定的意义。但有人提出，宇宙的产生依赖于作为观测者的人类的存在，这种观点值得商榷。现在根据暴涨模型，那些被传统大爆炸模型作为初始条件的状态，有可能从极早期宇宙的演化中产生出来，而且宇宙的演化几乎变得与初始条件的一些细节无关。这样就使上述那种利用初始条件的困难来否定宇宙客观实在性的观点失去了基础。但有些人认为，由于暴涨引起的巨大距离尺度，使得从整体上去观测宇宙的结构成为不可能。这种担心有其理由，但如果暴涨模型正确的话，随着科学实践的发展，一定有可能突破人类认识上的困难。

宇宙本来是什么样子

在汉语中，“宇”和“宙”本来是两个单独的词语。“宇”的意思是上下四方，即所有的空间；“宙”的意思是古往今来，即所有的时间。所以“宇宙”就有“所有的时间和空间”的意思。古人把“宇”和“宙”两个词连在一起，组成一个新的词语，说明了中国古代的劳动人民很早就发现了时间和空间不能单独存在的真理。

从东西方对宇宙的理解中，我们不难看出中国的古人强调的是宇宙空间和时间的整体性，而西方人强调的则是宇宙的秩序。实际上，空间与时间的整体性以及有序的秩序性都是宇宙的特点。随着天文学的产生和发展，人们对宇宙的认识逐步清晰起来。现在，人们一般认为：宇宙是由空间、时间、物质和能量所构成的统一体。一般理解的宇宙指我们所存在的一个时空连续系统，包括其间的所有物质、能量和事件。

那么，宇宙究竟是什么样子的呢？宇宙中存在着无数的天体，根据它们各自的特点可归纳为恒星、行星、卫星、流星、彗星和星云等类。恒星质量很大，自己能发光、凭肉眼能看到的天体，99%以上都是恒星。从地球上看，恒星的相对位置似乎是固定不变的，但实际上，一切恒星都在不停地运动。

行星自己不发光，质量也远比恒星小，并且绕恒星运动。地球便是绕着太阳运动的行星之一。卫星质量比行星更小，绕行星运动，并随着行星绕恒星运动。流星的质量更小，也不发光。流星在行星际空间运行，当接近地球，受到引力时，可以改变轨道，甚至陨落。当它进入地球大气层后，因与大气摩擦，迅速增温至白热化，发生燃烧。绝大部分流星在到达地面以前就已完全烧毁，少数能落到地面上成为陨星。

流星雨

彗星是一种很小的，但具有特殊外表和轨道的天体。它由彗核、彗发和彗尾3部分组成。彗核是相对集中的疏松同体物质。彗发是彗核释放的分子和原子，它成一团气体围绕着彗核。彗尾是由电离的分子和固体小粒子组成。这些分子和小粒子受到太阳光压的作用，形成一条背向太阳的尾巴，即彗尾。

星云是一种云雾状的天体。在离地球非常遥远的银河外星云，是一些恒星系统，而作为银河系组成部分的银河星云则是极端稀薄和高度电离的氢和氮的混合物。

鉴于用普通的长度单位，甚至用地球和太阳的平均距离（$14\ 960\times10^4$千米，称为天文单位），都难以表示宇宙空间的距离。于是，人们把光在一年中传播的距离（$94\ 600\times10^8$千米）称为一个光年，作为量度天体距离的单位。

宇宙中的行星

现有的仪器已经能够观察到远离地球 100×10^8 光年的空间。在可以观察到的这部分宇宙中，约有10 023颗恒星。几十亿到几百亿颗恒星的集合体是一个星系。例如银河系，就是一个包括1 000多亿颗恒星的星系。银河系是一个旋转着的扁平体，绝大多数星体都密集在它的中心平面附近。它的直径约为 10×10^4 光年，中心厚度约10 000光年，其余部分厚度约1 000光年。

到目前为止，已经发现了10亿多个类似银河系这样的星系。星系表现为成对或成群的聚集状态，组成星群。例如，银河系和包括比邻星系以及大、小麦哲伦云在内的近20个星系，组成了本星系群。本星系群直径约 300×10^4 光年。比星系群更大，包括几百个到几千个星系的集团，称为星系团。例如，室女座星系团，包含2 700个星系，直径可达 850×10^4 光年。人们把已知宇宙的总体称为总星系。

知识点

星　系

恒星系或称星系，是宇宙中庞大的星星的“岛屿”，它也是宇宙中最大、最美丽的天体系统之一。到目前为止，人们已在宇宙观测到了约1 000亿个星系。它们中有的离我们较近，可以清楚地观测到它们的结构；有的非常遥远，目前所知最远的星系离我们有将近150亿光年。

延伸阅读

宇宙中心

太阳是太阳系的中心，太阳系中所有的行星都绕着太阳旋转。银河也有中心，它周围所有的恒星也都绕着银河系的中心旋转。那么宇宙有中心——一个让所有的星系包围在中间的中心点吗?

看起来应该存在这样的中心，但是实际上它并不存在。因为宇宙的膨胀一般不发生在三维空间内，而是发生在四维空间内，它不仅包括普通三维空间(长度、宽度和高度)，还包括第四维空间——时间。描述四维空间的膨胀是非常困难的，但是我们也许可以通过推断气球的膨胀来解释它。

我们可以假设宇宙是一个正在膨胀的气球，而星系是气球表面上的点，我们就住在这些点上。我们还可以假设星系不会离开气球的表面，只能沿着表面移动而不能进入气球内部或向外运动，在某种意义上可以说我们把自己描述为一个二维空间的人。

如果宇宙不断膨胀，也就是说气球的表面不断地向外膨胀，则表面上的每个点彼此离得越来越远。其中，某一点上的某个人将会看到其他所有的点都在退行，而且离得越远的点退行速度越快。

现在，假设我们要寻找气球表面上的点开始退行的地方，那么我们就会发现它已经不在气球表面上的二维空间内了。气球的膨胀实际上是从内部的中心开始的，是在三维空间内的，而我们是在二维空间上，所以我们不可能探测到三维空间内的事物。同样的，宇宙的膨胀不是在三维空间内开始的，而我们只能在宇宙的三维空间内运动。宇宙开始膨胀的地方是在过去的某个时间，即亿万年以前，虽然我们可以看到，可以获得有关的信息，但我们却无法回到那个时候。

银河系是怎样由来的

在晴朗的夜晚，人们很容易看到银河，它就是那条横贯夜空、隐约可见的白茫茫的光带。关于银河的起源，在古罗马的神话故事里，说的是大神朱庇特（即希腊神话中的宙斯）是一个好拈花惹草的天神，他和一位民间美女在凡间生了一个儿子，取名为赫拉克勒斯。由于婴孩没有奶吃，朱庇特把私生子悄悄地送到熟睡的妻子朱诺身边，据说只要吃了妻子一次奶水，以后孩子的身体就会非常健壮。

婴孩刚刚吸吮了几口奶水，朱诺就发现了，她被吓了一跳，身体一下失去平衡，顿时丰腴的双乳喷出乳汁，洒向了太空，就形成了茫茫的银河系。“银河”一词的英文就是“Milky Way”，即“乳白色的路”之意。当然，这不过是神话传说而已。

人们常说“工欲善其事，必先利其器”。为了看到更远的天体，人们需要更好的观天设备。当初伽利略刚刚把他的第一架望远镜指向银河，就发现了其中很多用肉眼看不见的恒星。后来，人们把望远镜每改良一次，就能发现一大批更多、更暗的恒星。

英国天文学家威廉·赫歇耳是一位从业余爱好者成长起来的杰出人物。根据天文史书记载，赫歇耳一生自己磨制的望远镜片多达 400 余块。赫歇耳一生最大的愿望就是明白“宇宙的结构”。

银河系

1784 年，赫歇耳决心要数一数天上究竟有多少星星，并且要研究它们在天空中的分布情况。要数清天上的星星，那可不是一件普通的事情，而是一件非常繁重艰难的工作。

当时，赫歇耳做了三个假设：首先，空间是完全透明的，因此通过望远镜可以看见银河最外层的恒星；其次，恒星在空间的分布完全均匀，意味着星星越密集的天区，表示该方向上银河延伸的越远；再次，天上所有的恒星的亮度大体相同，星光的大小反映了其距离的远近。为了弄清宇宙的结构，赫歇耳非常有耐心和毅力地投入了观测。

赫歇耳选择了从赤纬 -30°到 45°的方位，把星空分成 683 个区域，每个天区的大小为 15′×15′，这正是他那架放大 175 倍望远镜的视场大小。赫歇耳为了保证观测资料的准确性，对每个选定的天区至少要在不同时日观测 3 次以上。

经过 1 083 次观测，赫歇耳总共数出的恒星达到了 117 600 颗之多。从数星星中，他发现了一种现象：恒星在某些方向上数量多，在某些方向上数量少；越是靠近天上那条乳白色的光带——银河，恒星分布就越密集，恒星数在银河平面方向上达到了最大值，而与银河垂直方向上的恒星数最少。

赫歇耳根据观测的结果，分析研究后认为，银河系是由恒星组成的“透镜”（或“铁饼”状）的庞大天体系统；所有恒星连同银河一起构成了银河系，银河系的形状大致像凸透镜；银河系的直径与厚度比大约在 5∶1 到 6∶1 之间。

现代天文学家在观测中发现，星光在传播的过程中会被空间尘埃所吸收，如果没有新的观测技术，这会使人们根本看不到远处的恒星，从而使得对银河系尺寸的估计偏小。现代天文观测表明，在盘状的银河之中的确存在许多尘埃，因此在银盘内看到的全是太阳附近的恒星，这就难怪人们曾错误地认为太阳是银河系的中心了。

在赫歇耳之后的一个世纪之多的时间里，人们对银河系的结构轮廓的认识没有多大改变，只是在银河系的空间范围上扩大了约 10 倍。当时，引起人们兴趣的是太空中的星云和星团。

1914 年，取得博士学位后的美国青年天文学家沙普利来到威尔逊天文台工作。1921 年，他担任著名的哈佛大学天文台长。威尔逊天文台有当时世界上最先进的天文望远镜——胡克望远镜，这架反射式望远镜口径为 2.54 米。沙普利利用它开展了探索球状星团的工作，并且研究了其中一种称为“造父变星”的脉动变星。

沙普利先后观测了约 100 个球状星团。他的统计表明，有 1/3 的球状星团

威尔逊天文台

在人马座以内；90% 的球状星团分布在以人马座为重心的半个天球。

以上观测结果引起了沙普利的沉思：假定银河系内球状星团和恒星一样对称分布，而且太阳在银河系中心，那么，地球上人们所看到的天空上的球状星团就应该呈对称分布的。

可是，观测结果并不是这样。是否存在另一种可能，即太阳实际上处在远离银河系中心的地方。因此，地球上的人们才观测到球状星团呈现不对称分布的现象。

最后，沙普利大胆地把太阳从银河系的中心移开了，并指出银河系中心是由各球状星团组成的天体系统的中心，该中心就在人马座方向，距离太阳约 15 000 秒差距。

沙普利利用周光关系估计，较近的球状星团距离太阳 12 000 秒差距，著名的武仙座球状星团为 30 000 秒差距。沙普利指出，球状星团组成的天体系统范围实际上就是银河系的范围。从那时以来，经过几十年的天文学观测检验，一再证明沙普利描述的银河系模型基本上是正确的。这是继哥白尼提出“日心说”之后，人类对宇宙认识的又一次飞跃。

银河系的多数物质就分布在薄薄的中间凸起银盘之中，其中主要是恒星，也包括部分气体和尘埃。银盘的中心平面叫做道面，银盘中心凸起的椭球状部分称为银河系的核球，核球中心很小的致密区叫银核。

银盘外面是一个范围广大、近似球状分布的系统，叫作银晕，银晕中的物质密度比银盘中低得多，银晕外面还有物质密度更低的、大致呈球形的银冕。根据天文学家的估计，银盘直径约 30 000 秒差距，中间部分的厚度约 2 000 秒差距，核球长轴约 5 000 秒差距，厚度约 4 000 秒差距，结构比较复杂。

如果从银盘上面俯视，银河系颇似水中的漩涡，从银河系核球向外伸展出几条旋臂，它们是银盘内年轻恒星、气体和尘埃集中的地方，也是一些气体尘埃凝聚形成年轻恒星的地方。

一般来说，旋臂内的物质密度比旋臂间大约高出10倍。在旋臂内恒星约占有一半质量，剩下的一半物质是气体和尘埃。由于旋臂内多有许多亮星闪耀，在通过大口径望远镜拍到的照片上，可看到漩涡结构。

太阳除了自转外，它还携带着太阳系天体围绕着银心公转，在半径约3万光年的归到的速度约250千米/秒，公转一周约2.6亿年之久。银河系中所有的恒星都像太阳一样在绕着银心旋转，这就是说，银河系也存在自转。银河系的旋臂也在绕着银河系的中心旋转。通过观测发现，银河系作为一个整体还朝着麒麟座方向以214千米/秒的速度运动着。

知识点

赫歇耳

赫歇耳家族是天文学史上重要的家族，最著名的有威廉·赫歇耳（1738—1822），和他的妹妹卡罗琳·赫歇耳（1750—1848）、他的儿子约翰·赫歇耳（1792—1871），他们都为天文学作出重要的贡献，最为杰出的是威廉·赫歇耳。为纪念英国天文学家威廉·赫歇耳，欧航局以他名字命名一颗探测卫星，并于2009年5月14日用火箭发射上太空，这个卫星实质上是一台大型远红外线太空望远镜，宽4米，高7.5米，是迄今为止人类发射的最大的远红外线望远镜。

延伸阅读

银　心

银河系的中心凸出部分，是一个很亮的球状，直径约为2万光年，厚1万光年，这个区域由高密度的恒星组成，主要是年龄大约在100亿年以上老年的红色恒星，很多证据表明，在中心区域存在着一个巨大的黑洞，星系核的活动十分剧烈。银河系的中心，即银河系的自转轴与银道面的交点。

银心在人马座方向，银心除作为一个几何点外，它的另一含义是指银河系的中心区域。太阳距银心约 10 千秒差距，位于银道面以北约 8 秒差距。银心与太阳系之间充斥着大量的星际尘埃，所以在北半球用光学望远镜难以在可见光波段看到银心。射电天文和红外观测技术兴起以后，人们才能透过星际尘埃，在 2 微米到 73 厘米波段，探测到银心的信息。中性氢 21 厘米谱线的观测揭示，在距银心 4 千秒差距处有氢流膨胀臂，即所谓“三千秒差距臂”。大约有 1 000 万个太阳质量的中性氢，以每秒 53 千米的速度涌向太阳系方向。在银心另一侧，有大体同等质量的中性氢膨胀臂，以每秒 135 千米的速度离银心而去。它们应是 1 000 万 ~ 1 500 万年前，以不对称方式从银心抛射出来的。在距银心 300 秒差距的天区内，有一个绕银心快速旋转的氢气盘，以每秒70 ~ 140 千米的速度向外膨胀。盘内有平均直径为 30 秒差距的氢分子云。

在距银心 70 秒差距处，则有激烈扰动的电离氢区，也以高速向外扩张。现已得知不仅有大量气体从银心外涌，而且银心处还有一强射电源，即人马座 A，它能发出强烈的同步加速辐射。甚长基线干涉仪的探测表明，银心射电源的中心区很小，甚至小于 10 个天文单位，即不大于木星绕太阳的轨道。12. 8 微米的红外观测资料指出，直径为 1 秒差距的银核所拥有的质量，相当于几百万个太阳质量，其中约有 100 万个太阳质量是以恒星形式出现的。银心区有一个大质量致密核，或许是一个黑洞。流入致密核心吸积盘的相对论性电子，在强磁场中加速，于是产生同步加速辐射。银心气体的运动状态、银心强射电源以及有强烈核心活动的特殊星系（如塞佛特星系）的存在，使人们认为：在星系包括银河系的演化史上，曾有过核心激扰活动，这种活动至今尚未停息。

太阳系有哪些星球构成

在无限广大的宇宙中，银河系只是一个普通的星系。银河系直径约有 10×10^4 光年，它包含 $1\,500 \times 10^8$ 颗恒星，太阳只是其中之一。太阳位于距银河系中心，即银心约 27 000 光年，距银河系边缘 23 000 光年的地方。质量巨大的太阳，以其巨大的引力维持着一个天体系统绕着它运动。这个天体系统就是太阳系，太阳位于太阳系的中心。

太阳系是由受太阳引力约束的天体组成的系统，是宇宙中的一个小天体系统，太阳系的结构可以大概地分为5部分。

第一个部分是太阳。太阳是太阳系的母星，也是最主要和最重要的成员。它有足够的质量让内部的压力与密度足以抑制和承受核融合产生的巨大能量，并以辐射的形式，例如可见光，让能量稳定地进入太空。

太阳在分类上是一颗中等大小的黄矮星，不过这样的名称很容易让人误会，其实在我们的星系中，太阳是相当大而且明亮的。恒星是依据赫罗图的表面温度与亮度对应关系来分类的。通常，温度高的恒星也比较明亮，而遵循此一规律的恒星都会处在所谓的主序带上，太阳就在这个带子的中央。但是，比太阳大且亮的星并不多，而比较暗淡和低温的恒星则很多。

太阳在恒星演化的阶段正处于壮年期，尚未用尽在核心进行核融合的氢。太阳的亮度仍会与日俱增，早期的亮度只是现在的75%。

计算太阳内部氢与氦的比例，认为太阳已经完成生命周期的一半，在大约50亿年后，太阳将离开主序带，并变得更大与更加明亮，但表面温度却降低的红巨星，届时它的亮度将是目前的数千倍。

太阳是在宇宙演化后期才诞生的第一星族恒星，它比第二星族的恒星拥有更多的、比氢和氦重的元素。比氢和氦重的元素是在恒星的核心形成的，必须经由超新星爆炸才能释放入宇宙的空间内。换言之，第一代恒星死亡之后宇宙中才有这些重元素。最老的恒星只有少量的金属，后来诞生的才有较多的金属。高金属含量被认为是太阳能发展出行星系统的关键，因为行星是由累积的金属物质形成的。

水 星

第二部分是内太阳系。内太阳系在传统上是类地行星和小行星带区域的名称，主要是由硅酸盐和金属组成的。这个区域挤在靠近太阳的范围内，半径还比木星与土星之间的距离还短。

4颗内行星（水星、金星、地球、火星）或是类地行星的特点是高密度、由岩石构成、只有少量或没有卫星，也没有环系统。它们由高熔点的矿物，像是硅酸盐类的矿物，组成表面固体的地壳和半流质的地幔，以及由铁、镍构成的金属核心所组成。4颗中的3颗（金星、地球和火星）有实质的大气层，全部都有撞击坑和地质构造的表面特征（地堑和火山等）。内行星容易和比地球更接近太阳的内侧行星（水星和金星）混淆。行星运行在一个平面，朝着一个方向。

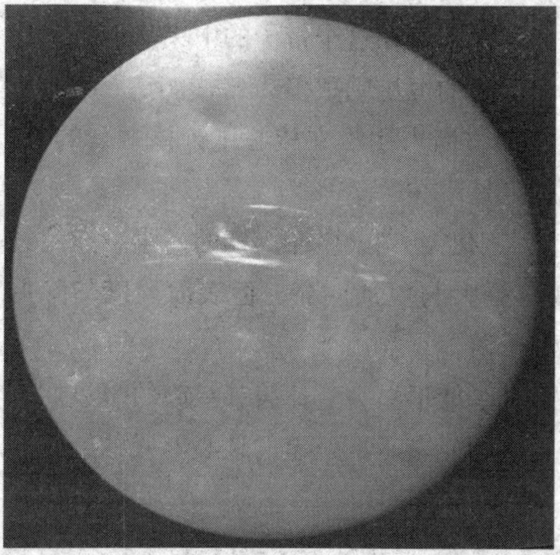
海王星

第三部分是中太阳系。太阳系的中部地区是气体巨星和它们有如行星大小尺度卫星的家，许多短周期彗星，包括半人马群也在这个区域内。此区没有传统的名称，偶尔也会被归入“外太阳系”，虽然外太阳系通常是指海王星以外的区域。在这一区域的固体，主要的成分是“冰”（水、氨和甲烷），不同于以岩石为主的内太阳系。

在外侧的4颗行星，也称为类木行星，囊括了环绕太阳99%的已知质量。木星和土星的大气层都拥有大量的氢和氦，天王星和海王星的大气层则有较多的“冰”，像是水、氨和甲烷。有些天文学家认为它们该另成一类，称为“天王星族”或是“冰巨星”。这4颗气体巨星都有行星环，但是只有土星的环可以轻松地从地球上观察。“外行星”这个名称容易与“外侧行星”混淆，后者实际是指在地球轨道外面的行星，除了外行星外还有火星。

第四部分是外海王星区。在海王星之外的区域，通常称为外太阳系或是外海王星区，仍然是未被探测的广大空间。这片区域似乎是太阳系小天体的世界（最大的直径不到地球的1/5，质量则远小于月球），主要由岩石和冰组成。

第五部分是太阳系最远的区域。太阳系于何处结束，以及星际介质开始的位置没有明确定义的界线，因为这需要由太阳风和太阳引力两者来决定。太阳风能影响到星际介质的距离大约是冥王星距离的4倍，但是太阳的洛希球，也就是太阳引力所能及的范围，应该是这个距离的千倍以上。

知识点

类地行星

类地行星、地球型行星或岩石行星都是指以硅酸盐岩石为主要成分的行星。这个项目的英文字根源自拉丁文的“Terra”，意思就是地球或土地，由于时尚界的流行，加上对象是行星，因此在二合一下采用“类地”行星这个译名。类地行星与气体巨星有极大的不同，气体巨星可能没有固体的表面，而主要的成分是氢、氦和存在于不同物理状态下的水。

延伸阅读

星系的关联

太阳系位于一个被称为银河系的星系内。我们的太阳位居银河外围的一条漩涡臂上，称为猎户臂或本地臂。太阳距离银心25 000～28 000光年，在银河系内的速度大约是220千米/秒，因此环绕银河公转一圈需要2.25亿～2.5亿年，这个公转周期称为银河年。太阳系在银河中的位置是地球上能发展出生命的一个很重要的因素，它的轨道非常接近圆形，并且和旋臂保持大致相同的速度，这意味着它相对旋臂是几乎不动的。因为旋臂远离了有潜在危险的超新星密集区域，使得地球长期处在稳定的环境之中得以发展出生命。太阳系也远离了银河系恒星拥挤群聚的中心，接近中心之处，邻近恒星强大的引力对奥尔特云产生的扰动会将大量的彗星送入内太阳系，导致与地球的碰撞而危害到在发展中的生命。银河中心强烈的辐射线也会干扰到复杂的生命发展。即使在太阳系目前所在的位置，有些科学家也认为在35 000年前曾经穿越过超新星爆炸所抛射出来的碎屑，朝向太阳而来的有强烈的辐射线，以及小如尘埃大至类似彗星的各种天体，曾经危及到地球上的生命。

太阳向点是太阳在星际空间中运动所对着的方向，靠近武仙座接近明亮的织女星的方向上。

太阳系的科学探测

数千年以来，直到17世纪的人类，除了少数几个例外，都不相信太阳系的存在。地球不仅被认为是固定在宇宙的中心不动的，并且绝对与在虚无缥缈的天空中穿越的对象或神祇是完全不同的。

当哥白尼与前辈们，以太阳为中心重新安排宇宙的结构时，仍是在17世纪最前瞻性的概念，在伽利略、开普勒和牛顿等人的带领下，才逐渐接受地球不仅会移动，还会绕着太阳公转的事实。

太阳系的第一次探测是由望远镜开启的，始于天文学家首度开始绘制这些因光度暗淡而肉眼看不见的天体之际。

伽利略是第一位发现太阳系天体细节的天文学家。他发现月球的火山口，太阳的表面有黑子，木星有4颗卫星环绕着。惠更斯追随着伽利略的发现，发现土星的卫星泰坦和土星环的形状。后继者卡西尼发现了4颗土星的卫星，还有土星环的卡西尼缝、木星的大红斑。

哥白尼

1705年，爱德蒙·哈雷认识到在1682年出现的彗星，实际上是每隔75～76年就会重复出现的一颗彗星，现在称为哈雷彗星。这是除了行星之外的天体会围绕太阳公转的第一个证据。

1781年，威廉·赫歇耳在观察一颗它认为的新彗星时，在金牛座中发现了联星。事实上，它的轨道显示是一颗行星——天王星，这是第一颗被发现的行星。

1801年，朱塞普·皮亚齐发现谷神星，这是位于火星和木星轨道之间的一个小世界，而一开始他被当成一颗行星。然而，接踵而来的发现使在这个区域内的小天体多达数以万计，导致它们被重新归类为小行星。

到了 1846 年，天王星轨道的误差导致许多人怀疑是不是有另一颗大行星在远处对它施力。埃班·勒维耶的计算最终导致了海王星的发现。

在 1859 年，因为水星轨道近日点有一些牛顿力学无法解释的微小运动（水星近日点进动），因而有人假设有一颗水内行星祝融星（中文常译为“火神星”）存在；但这一运动最终被证明可以用广义相对论来解释，但某些天文学家仍未放弃对“水内行星”的探寻。

冥王星

为解释外行星轨道明显的偏差，帕西瓦尔·罗威尔认为在其外必然还有一颗行星存在，并称之为 X 行星。在他过世后，它的罗威尔天文台继续搜寻的工作，终于在 1930 年由汤博发现了冥王星。

但是，冥王星是如此的小，实在不足以影响行星的轨道，因此它的发现纯属巧合。就像谷神星，它最初也被当作行星，但是在邻近的区域内发现了许多大小相近的天体，因此在 2006 年冥王星被国际天文学联会重新分类为矮行星。

在 1992 年，夏威夷大学的天文学家大卫·朱维特和麻省理工学院的珍妮·卢发现 1992QB1，被证明是一个冰冷的、类似小行星带的新族群，也就是现在所知的柯伊伯带，冥王星和卡戎都是其中的成员。

米高·布朗、乍德·特鲁希略和大卫·拉比诺维茨在 2005 年宣布发现的阋神星是比冥王星大的离散盘上天体，是在海王星之后绕行太阳的最大天体。

自从进入太空时代，许多的探测都是各国的太空机构所组织和执行的无人太空船探测任务。太阳系内所有的行星都已经被由地球发射的太空船探访，进行了不同程度的各种研究。虽然都是无人探测的任务，人类还是能观看到所有行星表面近距离的照片，在有登陆艇的情况下，还进行了对土壤和大气的一些实验。

第一个进入太空的人造天体是前苏联在1957年发射的史泼尼克一号，成功地环绕地球一年之久。美国在1959年发射的先驱者6号，是第一个从太空中送回影像的人造卫星。

第一个成功飞越过太阳系内其他天体的是月球1号，在1959年飞越了月球。最初是打算撞击月球的，但却错过了目标成为第一个环绕太阳的人造物体。水手2号是第一个环绕其他行星的人造物体，在1962年绕行金星。第一颗成功环绕火星的是1964年的水手4号。直到1974年才有水手10号前往水星。

探测外行星的第一艘太空船是先驱者10号，在1973年飞越木星。1979年，先驱者11号成为第一艘拜访土星的太空船。旅行者计划在1977年先后发射了两艘太空船进行外行星的大巡航，1979年探访了木星，1980和1981年先后访视了土星。

旅行者2号继续在1986年接近天王星和在1989年接近海王星。旅行者太空船已经远离海王星轨道外，在发现和研究终端震波、日鞘和日球层顶的路径上继续前进。依据的资料，两艘旅行者太空船已经在距离太阳大约93天文单位处接触到终端震波。

载人探测目前仍被限制在邻近地球的环境内。第一个进入太空（以超过100千米的高度来定义）的人是前苏联的太空人尤里·加加林，于1961年4月12日搭乘东方一号升空。第一个在地球之外的天体上漫步的是尼尔·阿姆斯特朗，它是在1969年的太阳神11号任务中，于7月21日在月球上完成的。

宇航飞机

美国的航天飞机是唯一能够重复使用的太空船，并已完成许多次的任务。在轨道上的第一个太空站是NASA的太空实验室，可以有多位乘员，在1973年至1974年间成功地同时搭载3位太空人。

第一个真正能让人类在太空中生活的是前苏联的和平号空间站，从 1989 年至 1999 年在轨道上持续运作了将近 10 年。它在 2001 年退役，后继的国际空间站也从那时继续维系人类在太空中的生活。

在 2004 年，太空船 1 号成为在私人的基金资助下第一个进入次轨道的太空船。同年，美国前总统乔治·布什宣布太空探测的远景规划：替换老旧的航天飞机，重返月球，甚至载人前往火星。

知识点

空间站

空间站又称航天站、太空站、轨道站。是一种在近地轨道长时间运行，可供多名航天员巡访、长期工作和生活的载人航天器。空间站分为单一式和组合式两种。单一式空间站可由航天运载器一次发射入轨，组合式空间站则由航天运载器分批将组件送入轨道，在太空组装而成。

人类并不满足于在太空作短暂的旅游，为了开发太空，需要建立长期生活和工作的基地。于是，随着航天技术的进步，在太空建立新居所的条件成熟了。

空间站是一种在近地轨道长时间运行，可供多名航天员在其中生活、工作和巡访的载人航天器。小型的空间站可一次发射完成，较大型的可分批发射组件，在太空中组装成为整体。在空间站中要有供航天员工作、生活的一切设施，不再返回地球。

国际空间站结构复杂，规模大，由航天员居住舱、实验舱、服务舱，对接过渡舱、桁架、太阳电池等部分组成，试用期一般为 5～10 年。

总质量约 423 吨、长 108 米、宽（含翼展）88 米，运行轨道高度为 397 千米，载人舱内大气压与地表面相同，可载 6 人。建成后总质量将达 438 吨。

延伸阅读

行星际物质

除了光，太阳也不断地放射出电子流（等离子），也就是所谓的太阳风。这条微粒子流的速度为每小时 150 万千米，在太阳系内创造出稀薄的大气层（太阳圈），范围至少达到 100 天文单位（日球层顶），也就是我们所认知的行星际物质。太阳的黑子周期（11 年）和频繁的闪焰、日冕物质抛射在太阳圈内造成的干扰，产生了太空气候。伴随太阳自转而转动的磁场在行星际物质中所产生的太阳圈电流片，是太阳系内最大的结构。

地球的磁场从与太阳风的互动中保护着地球大气层。水星和金星则没有磁场，太阳风使它们的大气层逐渐流失至太空中。太阳风和地球磁场交互作用产生的极光，可以在接近地球的磁极（如南极与北极）的附近看见。

宇宙线是来自太阳系外的，太阳圈屏障着太阳系，行星的磁场也为行星自身提供了一些保护。宇宙线在星际物质内的密度和太阳磁场周期的强度变动有关，因此宇宙线在太阳系内的变动幅度究竟是多少，仍然是未知的。

行星际物质至少在在两个盘状区域内聚集成宇宙尘。第一个区域是黄道尘云，位于内太阳系，并且是黄道光的起因。它们可能是小行星带内的天体和行星相互撞击所产生的。第二个区域大约伸展在 10～40 天文单位的范围内，可能是柯伊伯带内的天体在相似的互相撞击下产生的。

日食和月食的趣闻

趣闻总能勾起人们的好奇心，这些趣闻撩拨着人们的猎奇心理，又经过多次的演化传播，变得更加有趣，有的发展为民俗，有的演变成传说，经过千百年，流传了下来。关于日月食，这个叫古人恐惧、担心的天文现象也是如此，经过长时间的演化，已经变成了脍炙人口的传说和神话了。

关于日月食的传说，最为人所津津乐道的莫过于天狗食日的传说，此外还有许多叫人耳熟能详的故事，在本章中，将为大家集中讲述。

天狗吃太阳的传说

在远古时代，人们不了解日食和月食发生的原理，就认为它们都是由神来主宰的。于是，各种各样的神话传说就产生了。在我国有一个家喻户晓的关于日食和月食的传说，这就是“天狗食日”和“天狗食月”。传说，古时候，有一位名叫目连的公子，他生性好佛，为人善良，并十分孝顺自己的母亲。但是，目连的母亲却生性暴戾，为人好恶。

有一次，目连的母亲突然心血来潮，想出了一个罪恶的主意。她想：“和尚吃斋念佛，我要捉弄一下他们，让他们开荤吃狗肉。”

于是，她就吩咐人做了 360 个狗肉馒头，并说是素馒头，到寺院去施斋。目连知道了这件事情，就劝说母亲：“请你不要这样做！这样会让大家犯戒的。”

目连的母亲根本听不进去儿子的劝告，她依然我行我素，执意要去戏弄那些和尚。目连见母亲不听自己的劝告，就派人去告诉了寺院的方丈。

天狗食日

方丈知道以后，就赶紧准备了 360 个素馒头，分给和尚们，叫他们把素馒头藏在袈裟里面。

目连的母亲寺庙里去施斋，发给每个和尚一个狗肉馒头，和尚在饭前念佛时用袖子里的素馒头吧狗肉馒头换了下来，然后吃了下去，目连的母亲见和尚们个个都吃了自己的狗肉馒头，拍手大笑说："今日和尚开荤了！和尚吃狗肉馒头了！"

方丈双手合十，连声念道："阿弥陀佛，罪过，罪过！"

事后，方丈吩咐将 360 只狗肉馒头，在寺院后面用土埋了。这事被天上的玉皇大帝知道后，十分震怒。将目连的母亲打入十八层地域，变成了一只恶狗，永世不得超生。

目连是个孝子，得知母亲被打入了十八层地狱。他就日夜修炼，终于成了地藏菩萨。为了救自己的母亲，他用锡杖打开地狱大门。

目连的母亲和所有的恶鬼都从地狱中逃了出来，她逃出来之后非常痛恨玉皇大帝，就窜到天庭去找玉皇大帝算账。她在天上找不到玉皇大帝，想把天上的太阳和月亮一口吞下去，让天上人间变成一片黑暗。

这只恶狗在天上追啊追啊，她追到月亮，就将月亮一口吞了下去，追到了太阳，就把太阳一口吞了下去。

不过，目连的母亲变成的恶狗也有自己的缺点。她最害怕锣鼓、燃放鞭炮，所以每当人们敲敲打打之后，恶狗就会把吞下去的月亮和太阳吐出来。

太阳、月亮获救后，就日月齐辉，重新运行。恶狗看着天上的月亮和太阳，心里又不甘心了。她又重新追了上去，这样一次一次地就形成了天上的日食和月食。

民间就把日食和月食叫做"天狗食日"、"天狗食月"。不少地方的人们到现在还保留着在日食和月食的时候燃放鞭炮、敲锣打鼓的风俗。

知识点

佛 教

佛教，世界三大宗教之一，由距今3 000多年古印度的迦毗罗卫国（今尼泊尔境内）王子所创，他的名字是悉达多，姓乔达摩，因为他属于释迦（Sākya）族，人们又称他为释迦牟尼，意思是释迦族的圣人。广泛流传于亚洲的许多国家。西汉末年经丝绸之路传入我国。

延伸阅读

节日风俗

中国的传统节日形式多样，内容丰富，是我们中华民族悠久的历史文化的形成过程，是一个民族或国家的历史文化长期积淀凝聚的过程，下面列举的这些节日，无一不是从远古发展过来的，从这些流传至今的风俗里，还可以清晰地看到古代人民社会生活的精彩画面。

节日的起源和发展是一个逐渐形成，潜移默化地完善，慢慢渗入到社会生活的过程。它和社会的发展一样，是人类社会发展到一定阶段的产物，我国古代的这些节日，大多和天文、历法、数学，以及后来划分出的节气有关，这从文献上至少可以追溯到《夏小正》、《尚书》，到战国时期，一年中划分的24个节气，已基本齐备，后来的传统节日，全都和这些节气密切相关。

节气为节日的产生提供了前题条件，大部分节日在先秦时期，就已初露端倪，但是其中风俗内容的丰富与流行，还需要有一个漫长的发展过程。最早的风俗活动是和原始崇拜、迷信禁忌有关；神话传奇故事为节日平添了几分浪漫色彩；还有宗教对节日的冲击与影响；一些历史人物被赋予永恒的纪念渗入节日，所有这些，都融合凝聚节日的内容里，使中国的节日有了深沉的历史感。

到汉代，我国主要的传统节日都已经定型，人们常说这些节日起源于汉代，汉代是中国统一后第一个大发展时期，政治经济稳定，科学文化有了很大发展，这对节日的最后形成提供了良好的社会条件。

节日发展到唐代，已经从原始祭拜、禁忌神秘的气氛中解放出来，转为娱乐礼仪型，成为真正的佳节良辰。从此，节日变得欢快喜庆，丰富多彩，许多体育、享乐的活动内容出现，并很快成为一种时尚流行开来，这些风俗一直延续发展，经久不衰。

傈僳族关于日食的传说

我国的少数民族傈僳族也有一个关于天狗吃太阳的传说，并且故事非常有趣。从前有一个小伙子，娶了一个非常漂亮的媳妇，生了一个可爱的女儿，他们生活得非常幸福。

正所谓“天有不测风云，人有旦夕祸福”。忽然有一天，小伙子染上了麻风病。麻风病的传染性非常强，因此小伙子只好离开村子独自在遥远的山里找了个山洞住了下来。

一个人住多么孤独啊！于是，小伙子养了一条狗，从此和狗相依为命，日子就这样一天一天地过了下去。

后来，小伙子发现山洞附近出现了一条大蟒蛇，嘴里含着一颗宝石。小伙子不敢去惹它，总是躲着它。但是小伙子的狗却莫名其妙地死掉了。小伙子非常悲伤，他认为一定是那条大蟒蛇把自己的狗咬死了。

于是，他下定决心一定要把大蟒蛇除掉。小伙子在大蟒蛇经常出没的地方埋了一把尖刀，刀刃露出地面一寸左右，如果蟒蛇从刀刃上爬过，就会被开膛破肚，必死无疑。果然，没过几天，蟒蛇就死掉了。

小伙子从蟒蛇嘴里取出宝石，在狗的身体上摩擦，没想到狗竟然活了过来！小伙子非常高兴。然后他又用宝石在自己的身上摩擦，把麻风病也治好了。

小伙子马上带上狗回到村里，妻子惊讶地问：“你的病好了？”小伙子一五一十地把宝石的事情告诉了妻子。

有一天，小伙子出去了，他的妻子对宝石很好奇，就拿出来到太阳底下仔细看。没想到刚打开包裹宝石的手帕，宝石就消失不见了。

傈僳族

等小伙子回来，他的妻子不敢隐瞒，只好把宝石消失的事情原原本本地告诉了他。小伙子说："这宝石太珍贵了！一定是太阳神把它取去了，我要想办法把它拿回来！"

于是，小伙子准备了很多竹竿，把竹竿一根一根接起来，一直够到太阳所在的地方。临别，他再三嘱咐妻子，必须每10天给竹竿浇一次水，否则太阳的光就会把竹竿烧毁。然后，他就和他的狗一起爬上去找太阳神，要把宝石要回来。

就这样，他不知爬了多久，他实在太累了，就休息了一下。在他休息的时候，狗首先爬了上去。这时，小伙子的妻子忘记了浇水，结果竹竿一下子就断掉了。小伙子从天上掉了下来，摔了个粉身碎骨。

小伙子的狗从此也只好住在太阳的旁边。但是，每隔一段时间，狗就会想起自己的主人和他的宝石。于是，狗就狠狠地咬一口太阳，甚至把整个太阳都吞了下去。

每当这个时候，地上的人们就会发出"呜呜呜"的声音，叫狗不要咬太阳。狗听到人们的喊声，以为是主人给自己送饭来了，就停止咬太阳。这样，太阳也就恢复了原样。

狗咬太阳的时候也就是发生日食的时候。直到现在，傈僳族中的一些人在发生日食的时候，还会发出"呜呜呜"的声音，不让狗咬太阳。虽然，人们已经知道了日食并不是因为狗咬太阳造成的，但是这已经成了一个习惯。

知识点

麻风病

麻风病是由麻风杆菌引起的一种慢性接触性传染病。主要侵犯人体皮肤和神经，如果不治疗可引起皮肤、神经、四肢和眼的进行性和永久性损害。麻风病的流行历史悠久，分布广泛，给流行区人民带来深重灾难。要控制和消灭麻风病，必须坚持“预防为主”的方针，贯彻“积极防治，控制传染”的原则，执行“边调查、边隔离、边治疗”的做法，积极发现和控制传染源，切断传染途径，同时提高周围自然人群的免疫力，对流行地区的儿童、患者家属以及麻风菌素及结核菌素反应均为阴性的密切接触者给予卡介苗接种，或给予有效的化学药物进行预防性治疗。

延伸阅读

阔时节与澡塘赛歌会

傈僳族节日众多，规模较大的有“阔时节”、“新米节”、“刀杆节”、“火把节”、“收获节”、“澡塘会”、“拉歌节”、“射弩会”等。“阔时节”，亦作“盍什节”。“阔时”是傈僳语音译，“岁首”、“新年”之意。是傈僳族最隆重的传统节日。因过去多以对物候的观察来决定日期，故各地没有统一、确定的节期。一般多在公历12月下旬至第二年1月举行。1993年12月，云南省怒江傈僳族自治州人民政府决定，每年12月20至22日为阔时节，以便让各地傈僳族同胞能同迎新年，共庆佳节。

节日期间，一般都要酿制水酒、杀鸡宰猪、舂粑粑，准备各种丰盛的食品。还要采折与全家男人人数相同的松树枝插在门口，寓意祛疾除病，幸福吉祥。同汉族的习俗一样，除夕之夜要吃团圆饭。即使有人身在他乡，家人也要为他留出席位、摆设碗筷。有的地方，从除夕开始，禁止到别人家里去，即使是分了家的父子兄弟也不能往来。直到初三后才解除限制，多数地方从初一开始，人们便聚集在晒场或开阔地，开展对歌、跳舞、荡秋千、射弩比赛等丰富多彩的文体娱乐活动。怒江地区的傈僳族同胞有的还要前往泸水县登埂澡塘参加“澡塘赛歌会”活动。

有趣的是，过阔时节时，傈僳族同胞谁家舂出的第一块粑粑都会先拿给狗吃。据说，这是为了感谢狗“给人间带来粮种”。傈僳族民间流传着不少狗与粮种的传说，如其中一则说，古代人类浪费粮食惊人，天神知道后大怒，下令将所有粮食收回天庭。人类面临灭顶之灾。在此危难时刻，一只狗奋不顾身，顺杆爬上天宫偷来粮种，拯救了人类。

“澡塘赛歌会”，又称“春浴节”，也是傈僳族的传统节日盛会。现多于傈僳新年的正月举行。地点在怒江傈僳族自治州首府六库市以北10余千米处的登埂、马掌河等温泉。届时，邻近各县、区的群众身着盛装，携带干粮、行李，甚至炊具纷至沓来。平时寂静的温泉，此时处处帐篷林立，人头攒动，欢歌笑语，热闹非凡。过去以洗浴治病为中心的春浴节，现在成了人们休闲度假、歌舞狂欢的节日。尤其是风华正茂的年轻人，几十人一帮、数百人一伙，赛歌、对诗，寻找爱的伴侣，通宵达旦，乐此不疲。

印度关于日食的神话

在印度也有一个关于日食的传说。传说，在世界之初，宇宙中有一片由牛奶形成的海洋，叫做“乳海”，乳海之下藏有令人长生不老的甘露。

一开始，修罗（天神）和阿修罗（魔鬼）就各自争夺，都失败了。后来，他们在毗湿奴（印度的保护神）的促成下订立盟约，合力去取甘露。

毗湿奴化成灵龟，盯着曼多罗山当作支点，用蛇王瓦苏基的身体当作绳索，盘绕着中央的神山。92个怒目圆睁的阿修罗和88个杏眼含笑的修罗分别抓住蛇舌、蛇头和蛇尾，搅动乳海。

甘露首先在阿修罗那边出现了。阿修罗正要饮用甘露的时候，天空中突然出现了许多飞天小仙女。她们非常美丽，头顶不同的发式，手拿花朵或法器，

印度经典建筑

跳着诱人的舞蹈。原来，这都是修罗们事先安排好的。阿修罗们看呆了，完全忘记了甘露的事情。

修罗们趁此机会，抢过甘露，喝了起来。这时候有一个叫罗睺的阿修罗清醒了过来。他看见甘露就要被修罗们喝光了，就化身为修罗，排队也喝了一口甘露。

这一切瞒得过别人，却瞒不过一直在天上俯瞰大地的日神和月神，他们立刻砍下了罗睺的头。

这时，甘露还没有喝到肚子里，只留在了喉咙中，所以罗睺的身体马上死去了，但是罗睺的头却因为甘露的原因而长生不老。

罗睺的头知道这是日神和月神干的好事，于是就对他们恨之入骨，不断追赶日神和月神，偶尔还能把他们吞进口中。

但是因为罗睺的喉咙后面没有身体，因此吞下去的日神和月神还是会跑出来，这就是日食和月食的神话传说。

知识点

毗湿奴

毗湿奴是印度叙事诗中地位最高的神，掌维护宇宙之权，与湿婆神二分神界权力。毗湿奴和神妃吉祥天住在最高天，乘金翅鸟。通常以“四臂”分别握着圆轮、法螺贝、棍棒、弓的形象出现。其性格温和，对信仰虔诚的信徒施予恩惠，而且常化身成各种形象，拯救危难的世界。

延伸阅读

印度神话的历史渊源

公元前1500年至前600年左右，《吠陀经》问世，这是印欧语系诸民族中最为古老的一部文学著作，全部是祭祀用的圣歌和祷词。在其中，印度神话初次较为系统地组合起来。吠陀神话里所描述的最大的神是因陀罗，他是天帝，众神之首。据记载，因陀罗原本是带领雅利安人入侵印度的英雄，死后成为神，其神格化可以看作是吠陀诗人对于权力的一种附会。与它相关的注解文献有《梵书》、《森林书》、《奥义书》。吠陀神话中歌颂的主神是天帝因陀罗，以及水神伐楼那、死神阎摩、风神伐由等司掌自然的大神。吠陀文化后期，印度产生了婆罗门教，种姓制度的出现是其权力更为集中的一个体现。

公元前6世纪左右，在各方面快速发展的印度进入列国时代，经济发展、战争频繁、思辨深邃，是这个时代的三大特征。这一时期，旧的神话不断被编辑，新的神话又不断产生，宗教方面，出现了佛教与耆那教，而这两大教派又各自繁衍着不同的神话。其艺术和哲学价值也是最高的。其中最著名的要算《罗摩衍那》和《摩柯婆罗多》。这是两篇非常庞大的诗史，限于篇幅就不详细介绍了。不过可以告诉大家，《罗摩衍那》中最著名的角色是神猴哈奴曼，即是孙悟空的原型；《摩柯婆罗多》中最有名的则是鼎鼎大名的人类英雄大黑天。对印度神话感兴趣的朋友有机会可以找这两本书的翻译版来看看。

其实与印度神话相关的书籍还很多。其中最著名的要算往世书系列。通常，往世书分为十八大往世书与十八小往世书。这些书应该算是众神的个人传记和专题介绍，比如《梵天往世书》、《毗湿奴往世书》、《湿婆往世书》、《大鹏往世书》等等。

日月食与战争

日食和月食非常有趣，更有趣的是日食和月食还会对战争的胜负起到决定性的作用。在历史上，日食和月食决定战争胜负或阻止战争的事例不止一次发生过。

公元前6世纪，在爱琴海东岸，就是今天土耳其的安纳托利亚高原上，居住着米迪斯和吕底亚两大部落。两部落本来和睦相处，相安无事。

后来，不知因为什么原因，两部落相互敌视，要用刀和剑来解决他们之间的仇恨。战争已残酷地进行了5年，战争拖得愈久，双方积怨愈深，老百姓遭受的苦难也愈重。

古希腊天文学家泰勒斯痛恨这场无谓的战争，决定利用一次难得的日全食来消除战祸。泰勒斯熟悉天文知识，预先推算出公元前585年5月28日，当地将发生日全食。

泰勒斯塑像

于是，他公开宣布："上天对这场战争十分厌恶，将吞食太阳向大家示警。如若双方再不肯休战，到时将大难临头。"

交战双方都认为上天是他们的庇护者，不可能对他们发难的，因而也都把泰勒斯看成是一个疯子，根本听不进泰勒斯的劝告，两军对战更加激烈。

5月28日，正当交战双方打得难分难解的时候，忽然间，日全食发生了，一个黑影闯进圆圆的日面，把太阳一点一点地"往肚里吞"，眩目的太阳光盘一点一点减少，大地上太阳光慢慢减弱，好像黄昏降临。

动物不安地躁动起来，鸟儿归巢，鸡犬返窝，气温下降。等到黑影把太阳全"吞没"时，顿时天昏地暗，大地呈现一片夜色，天上的星星也出来了，在昏暗的天空中闪烁着。就在这时，交战的双方都被推入茫茫的"黑夜"。

尽管过了几分钟，黑影又开始慢慢将太阳"吐了出来"，灿烂的阳光又洒满大地，但是，这种奇异的天象给交战双方留下了深刻的印象。双方的僧侣经过一番商讨以后，都相信泰勒斯事前警告的话，是上天不满他们的战争而发出的警告，于是双方一致同意握手言和，心悦诚服地签订了永久恪守的和平契约。

泰勒斯以他的聪明才智，巧用日食签和约，从而结束了这场旷日持久的战争。但是也有因为错用月食而延误了战机的。

公元前413年8月27日傍晚，雅典征服西西里远征军的兵营中，传令兵飞奔各军营，秘密传达远征军统帅尼西亚的撤军命令。顿时，百艘战舰及30艘运输船的3万多人已作好准备，整装待撤。跟随远征军的商船队，听到撤军命令，也赶忙收拾行装，处理不能带走的物品。指挥官索尼，正在挑选1 000名水手、2 000名精壮军士，组成后卫队，预备阻击追赶来的敌军。

当天夜晚，月明风清，夜里10点3刻，正当远征军离开西西里海面向东急驶时，突然一下出现了许多艘锡拉库萨的战船。远征军统帅尼西亚手提利刀，指挥战舰向敌船展开勇猛的冲杀，敌兵败下阵来，远征军将士充满了胜利的喜悦。正当此时，月亮上突然出现了暗影，慢慢地愈变愈大，月光随之消失，天空繁星闪烁，月亮却变成了一个暗红的圆盘——月食出现了。海面一片黑暗，远征军将士不知何故，于是纷纷走上船台祈祷膜拜。统帅尼西亚见状，立刻传令："正当撤军途中，突发天变，应尊天意。立即停止撤军，离船上岸，原地待命，等21天后再行撤军。"

命令一下，各船大乱，划桨手纷纷逃亡，一些商船也偷偷返航。锡拉库萨统帅从逃亡的远征军士兵中得到雅典军因月食而停止撤军的消息后，立即调整了部署，加紧包围。两军相接，雅典远征军毫无准备，战舰大部分都被击沉。叙拉古军乘胜追击，索尼虽然勇猛善战，却阻挡不住如潮水般涌来的叙拉古军，索尼战死，尼西亚被迫投降，不久即被处死，其余7 000余名雅典残兵则被赶入露天采石场，终生从事苦役。

战后，锡拉库萨全城彩灯高悬，人们摆下祭品，感谢月神显示月食，使锡拉库萨军由败转胜。

知识点

泰勒斯

古希腊时期的思想家、科学家、哲学家，希腊最早的哲学学派——米利都学派（也称爱奥尼亚学派）的创始人。希腊七贤之一，西方思想史上第一个有记载有名字留下来的思想家，"科学和哲学之祖"，泰勒斯是古希腊及西方第一个自然科学家和哲学家。泰勒斯的学生有阿那克西曼德、阿那克西米尼等。

延伸阅读

希腊神话油画

到公元前120年，希腊悲剧进入了消失的状态，这个消失经历了1 000多年。直到“文艺复兴”，欧洲的考古学发现了古希腊戏剧的抄本，给欧洲的戏剧家打开了一扇明亮的窗户。当然文艺复兴不仅是戏剧，所谓的“文艺复兴”就是复兴古希腊、古罗马的文化，因此，希腊悲剧又得以流传。但是希腊悲剧的演出应该说到20世纪初的1920年前后，才得以恢复演出，在中间一段几乎就没有演出，但是有很多的剧作家，他们学习古希腊戏剧后，自己写了相应的题材，从罗马一直到欧洲其他地方，但是说句实话，没有一本超过原来的戏剧。包括狄德罗这些大家们改的，罗马的戏剧和希腊戏剧很相关，那么罗马的戏剧有的是直接拿希腊戏剧来演，有的是罗马作家自己在写，但是都没有超过原来的。那么这种古希腊戏剧影响，经过亚里士多德《诗学》的总结，这个《诗学》实际是一本戏剧学，它为什么叫《诗学》呢？因为古希腊戏剧本身就是诗，它的对话是诗，它的合唱歌更是诗，所以也叫《诗学》了。

当然另外一方面，亚里士多德《诗学》这一部分流传下来的，我们看到的这一部分都是戏剧，其他的就很少，所以我们现在就是学戏剧的，要学最古的、最完整的戏剧理论，那就是亚里士多德的《诗学》。而且《诗学》中间的一些的论点，至今还在影响着全世界的戏剧。比如戏剧要有冲突，比如戏剧是对一个严肃的、完整的，有一定长度的、行动的模仿。

天文官和日食

在我国历史上，同样的日食曾对两个天文官产生了不同的影响。一个天文官被处死了，另一个却流芳千古，受到世人的敬仰。

话说在夏朝仲康时代的一个金秋季节，麦浪滚滚，晴空万里，农民们正在田里收获一年的劳动果实。

中午时分，人们突然发现，原本高悬在天空光芒四射的太阳光线在一点点减弱，仿佛有个黑黑的怪物在一点点地把太阳吞吃掉。

人们大喊起来："天狗吃太阳了！"面对突如其来的"凶险"天象，百姓们个个惊恐万状，急忙聚集起来敲盆打锣——按过去的经验，这样就可以把"天狗"吓走。

那时，朝廷已经形成一套"救日"仪式，每当发生"天狗吃太阳"时，监视天象的天文官要在第一时间观测到，然后立刻以最快的速度上报朝廷，随后天子马上率领众臣到殿前设坛，焚香祈祷，向上天贡献钱币以把太阳重新召回。

可这次，时间过去了好久，眼看着太阳一点点消失，无尽的黑暗就要笼罩大地，文武百官和仲康大帝都已聚到宫殿前，却独不见天文官羲和的身影。已经错过了最佳救护时间，仲康大帝顾不得多想，连忙主持开始了救护之礼。

这时，天色越来越暗，突然天地一下子陷入黑夜，几步之内难辨人影，太阳被"天狗"彻底"吞"了！仲康大帝率众官跪倒在地，一遍遍地乞求上天宽恕……

不知过了多久，就在人们彻底绝望时，太阳的西边缘露出了一点亮光，大地也逐渐明亮起来，日盘露出得越来越多，"天狗"终于把太阳"吐"出来了！仲康大帝和文武百官舒了一口气。

发生了这么大的事，身负重任的羲和居然不见人影，仲康大帝十分恼火，立刻派人去寻找。几个差役赶到清台（当时的天文观测台），好不容易在旁边守夜的小屋里找到了羲和。

这位重任在肩的天文官居然在呼呼大睡，一问下属，才知道他昨天喝了一夜的酒，此刻仍然烂醉如泥。到了殿上，跪倒在天子面前，羲和还是混混沌沌，不知几分人事。仲康大帝得知羲和酗酒误事后大怒，下令将羲和推出去砍了脑袋。

这个故事记录在中国最早的一本历史文献汇编——《尚书》中。虽然记录中没有"日食"二字，但早就被认证为是一次日食记录，而且是中国最早的记录，被称作"书经日食"、"仲康日食"。

中华民族的天文历法在唐代取得了长足进步，历法、观测仪器、天象记录等方面都出现了总结性或突破性的成果。李淳风就是那时涌现出的奇人。

唐代初年，国家行用《戊寅元历》，25 岁的李淳风对这部历法做了仔细研究，发现它存在缺陷，于是上书朝廷，指出《戊寅元历》的多处失误，提出修改方案。唐太宗李世民很开明，采纳了他的建议，并选派他入太史局任职。

李淳风综合前人许多历法的优点，又融入自己的新见解，编成一部全新的历法。他对自己的新历法充满信心。一年，他按自己的历法计算某月初一将出现日食，而按照旧历书，这天是没有日食的。他把自己算出的日食发生、结束的精确时刻上报到朝廷。既然太史丞预报，李世民不能不理，于是到了这天，他半信半疑地率领众官赶到殿前，准备好救护仪式。

唐太宗李世民

快到李淳风说的时间了，天上圆圆的太阳还是毫无动静。李世民不高兴地说："如果日食不出现，你可是欺君之罪！"欺君之罪是要被杀头的，李淳风却毫不惧怕地说："圣上，如果没有日食，我甘愿受死。"李淳风在地上插一根木棍，影子投射到墙上，他在墙上的影子边划了一条标记，说："圣上请看，等到日光再走半指，照到这里时，日食就出现了。"果然，过一小会儿，天上的太阳开始被一个黑影侵入，跟他说的时间丝毫不差，于是百官下拜祈祷，锣声、鼓声响成一片。

麟德二年（665），朝廷决定改用李淳风的历法，并将其命名为《麟德历》。此故事见于唐代刘餗所著的《隋唐嘉话》。正因为李淳风编撰的历法精密，他有这份自信，才敢冒风险预报这次前人漏报的日食。

可能有人会问：既然能预报了，说明人们已经知道它是自然现象，为什么还要搞救护仪式？这反映了在人们认识提高的同时，封建体制和传统意识的相对顽固和滞后性。到明末和清朝，这个矛盾更加突出：一方面，按传统观念，日食是上天的警告，统治者必须举行仪式救护；另一方面，天文学家对日、月、地的运行已了解得很透彻，日月食已能精确预报，说明它们与地上的人和事没有关系。

比如到清朝，虽然仍有庞大的司天机构，历法和天文仪器的精密度也达到历史最高水平，但天文官对政治的影响却大大降低了，除了历法颁布仍是皇家的大事外，朝廷对天象的关注只剩下象征意义而已。

知识点

李世民

唐太宗李世民，是唐朝第二位皇帝，他名字的意思是“济世安民”。汉族，陇西成纪人，祖籍赵郡隆庆（今邢台市隆尧县），政治家、军事家、书法家、诗人。即位为帝后，积极听取群臣的意见，努力学习文治天下，有个成语叫“兼听则明、偏信则暗”就是说他的，他成功转型为中国历史上最出名的政治家与明君之一。唐太宗开创了历史上的“贞观之治”，经过主动消灭各地割据势力，虚心纳谏，在国内厉行节约，使百姓休养生息，终于使社会出现了国泰民安的局面。为后来全盛的开元盛世奠定了重要的基础，将中国传统农业社会推向鼎盛时期

延伸阅读

历法的分类

古今中外有多少种历法，我们没有统计过。总之一个民族有一个民族的历法，一个时代有一个时代的历法。时代愈近，科学愈发达，测试手段愈先进，历法就愈科学。我们中国从古到今使用过的历法，就有100多种。不过不管有多少种历法，都可以把它们分别归到以下三大系统中去：阳历、阴历、阴阳合历。这是因为计算时间，要么以地球绕太阳公转的周期为基础，要么以月亮绕地球公转的周期为基础，要么把两种周期加以调和。前者属于阳历系统，后者属于阴历系统，调和者则属于阴阳合历系统。

哥伦布和月食

历史上鼎鼎大名的哥伦布是个非常聪明的人，他能够准确地预报月食。凭借这一点，他曾化险为夷。

1451 年哥伦布出生在意大利热那亚的工人家庭，是信奉基督教的犹太人后裔。长大后当上了舰长，是一名技术娴熟的航海家。他确信西起大西洋是可以找到一条通往东亚的切实可行的航海路线的。他决心要把这种设想变成现实。他终于说服了伊莎贝拉一世女皇，女皇为他的探险航行提供了经费。

哥伦布年轻时就是地圆说的信奉者，他十分推崇曾在热那亚坐过监狱的马可·波罗，立志要做一个航海家。

哥伦布自幼热爱航海冒险。他读过《马可·波罗游记》，十分向往印度和中国。当时，地圆说已经很盛行，哥伦布也深信不疑。他先后向葡萄牙、西班牙、英国、法国等国国王请求资助，以实现他向西航行到达东方国家的计划，都遭拒绝。当时，地圆说的理论尚不十分完备，许多人不相信，把哥伦布看成江湖骗子。

哥伦布

一次，在西班牙关于哥伦布计划的专门的审查委员会上，一位委员问哥伦布：即使地球是圆的，向西航行可以到达东方，回到出发港，那么有一段航行必然是从地球下面向上爬坡，帆船怎么能爬上来呢？对此问题，滔滔不绝、口若悬河的哥伦布也只有语塞。

另一方面，当时，西方国家对东方物质财富需求除传统的丝绸、瓷器、茶叶外，最重要的是香料和黄金。其中香料是欧洲人起居生活和饮食烹调必不可少的材料，需求量很大，而本地又不生产。当时，这些商品主要经传统的海、陆联运商路运输。经营这些商品的既得利益集团也极力反对哥伦布开辟新航路的计划。哥伦布为实现自己的计划，到处游说了十几年。直到 1492 年，西班牙王后慧眼识英雄，她说服了国王，甚至要拿出自己的私房钱资助哥伦布，使哥伦布的计划才得以实施。

1492 年 8 月 3 日，哥伦布受西班牙国王派遣，带着给印度君主和中国皇帝的国书，率领 3 艘百十来吨的帆船，从西班牙巴罗斯港扬帆出大西洋，直向正西航去。经 70 昼夜的艰苦航行，1492 年 10 月 12 日凌晨终于发现了陆地。哥伦布以为到达了印度。后来知道，哥伦布登上的这块土地，属于现在中美洲加勒比海中的巴哈马群岛，他当时为它命名为圣萨尔瓦多。

1493 年 3 月 15 日，哥伦布回到西班牙。此后他又三次重复他的向西航行，又登上了美洲的许多海岸。

1504 年哥伦布再次远航西行，来到南美洲的牙买加地区，这是他 10 多年前发现的“新大陆”之一。这次他是旧地重游，心情特别高兴。

哪知登岸后，他的水手船员与当地的居民发生争执，后来矛盾急剧恶化。傲慢的白人激怒了加勒比人，他们仗着人多，把哥伦布一行团团围困起来，要将这些傲慢的白人活活饿死。哥伦布等人毫无办法，只有坐以待毙。

傍晚，一轮明月冉冉从东方升起，哥伦布望着月亮在思考着。突然想起今天晚上将发生月全食，于是计上心来，他大声向围困者宣布，如果你们不马上送上食品和饮用水，我马上不给你们月光！

迷信的加勒比人听到哥伦布的警告，半信半疑，不知如何是好，送给他们食品又怕上当，不送食品又怕真的没有月光。他们惴惴不安地望着明月发呆，不一会儿，月亮果然渐渐被一团黑影吞没，最后变成一个稀依可辨的古铜色园盘，任凭他们大叫大喊也无济于事。

加勒比人害怕了，认为哥伦布是神，统统跪拜在哥伦布面前，祈求神通广大的哥伦布宽恕他们。就这样，哥伦布化险为夷了。

知识点

哥伦布

意大利航海家。生于意大利热那亚，卒于西班牙巴利亚多利德。一生从事航海活动，先后移居葡萄牙和西班牙，相信大地球形说，认为从欧洲西航可达东方的印度。在西班牙国王支持下，先后4次出海远航（1492—1493，1493—1496，1498—1500，1502—1504）。开辟了横渡大西洋到美洲的航路。先后到达巴哈马群岛、古巴、海地、多米尼加、特立尼达等岛。在帕里亚湾南岸首次登上美洲大陆。考察了中美洲洪都拉斯到达连湾2 000多千米的海岸线；认识了巴拿马地峡；发现和利用了大西洋低纬度吹东风，较高纬度吹西风的风向变化；证明了大地球形说的正确性。

延伸阅读

航　海

人类在新石器时代晚期就已有航海活动。当时中国大陆制造的一些物品在台湾岛、大洋洲，以至厄瓜多尔等地均有发现。公元前4世纪希腊航海家皮忒阿斯就驾驶舟船从今马赛出发，由海上到达易北河口，成为西方最早的海上远航。公元前490年，在波斯与希腊的海战中，希腊就曾以上百英尺长的战舰参战。中国汉代已远航至印度，把当时罗马帝国与中国联系起来。唐代为扩大海外贸易，开辟了海上丝绸之路，船舶远航到亚丁湾附近。在当时的科学技术条件下，航海是靠山形水势及地物为导航标志，属地文航海；而以星辰日月为引航标志的，则属天文航海技术之一种。指南针是中国历史上的一大发明，宋代将其应用到航海上，解决了海上航行的定向，也开创了仪器导航的先例。现代船上使用的磁罗经，是12世纪船用磁罗经传入欧洲后，由英国人开尔文改进了的海军型磁罗经。助航设施灯塔很早就已使用。公元前280年在埃及亚历山大港建造了高60多米的灯塔。1732年英国在泰晤士河口设置了灯塔。1767年在美洲特拉华设立了浮标。

公元15世纪是东西方航海事业大发展时期。1405—1433年，中国航海家郑和率船队七下西洋，历经30多个国家和地区，远航至非洲东岸的现索马里和肯尼亚一带，成为中国航海史上的创举。1420年葡萄牙创办了航海学校；船长迪亚士在1487年航海到非洲最南端，命名该地为好望角；1497年达·伽马率船队从里斯本出发绕好望角到印度。此后葡萄牙人又到达中国、日本。1492年10月意大利航海家哥伦布发现了美洲大陆。1499—1500年，意大利航海家亚美利哥两次登上美洲大陆考察，证实这片陆地是一片新发现的陆地，而不是哥伦布当年认为的印度岛屿，故命名新大陆为亚美利加洲，简称美洲。16世纪始，航海技术迅速发展。1569年地理学家墨卡托发明的投影法成为现代海图绘制的基础。进入20世纪后，现代航海技术取得重大成就，60年代出现奥米加导航系统，随后又出现和应用了卫星导航系统、自动标绘雷达等。

航海要求船舶迅速而安全地行驶，在现代条件下，需采用现代导航设备，了解国际水运法规，世界各国海上交通管理制度。为保证人身、船舶、货物和海洋环境的安全，船舶上还需设置救生、防火、防污染设备和航海仪表及通信设备等。

夸父追日

太阳是神圣的，它每天清晨都从东方地平线上升起，夜晚又降落在遥远的西方。它温暖而明亮，照耀着大地万物。但它又那么可望而不可即，白天总是高高地悬挂在天上，到了晚上便不知躲到哪里昏睡去了。

太阳在天空中只是那么一点儿，为什么竟有那么大的能量？它发出的光来自哪里？它居住在什么地方？

这一个个的疑问搅成一个巨大的谜团，困扰着传说中远古时代跑得最快的人——夸父。

“看来要解开这个谜团只有走到太阳的身边才行。”夸父这样想着，产生了追上太阳的念头。

这一天早上，夸父朝着太阳升起的方向出发了，一走走了一整天。到了黄昏，他又朝着太阳落下的方向走。他明明看见太阳降落在前面某座大山的背后了，但走过去一看，根本就没有太阳的影子。

“太阳你究竟在哪里，你什么时候才会停歇?”夸父沉思冥想，慢慢地懂得了太阳是永远不会停歇的，它总是在运动；太阳也没有家，在天地之间遨游。这一天天不亮，夸父就起来了，吃饱了饭，喝足了水，拎起了平常随身携带的手杖，静静地等待着太阳的出现。此刻外面一片漆黑，太阳还没有露头呢。

不久，天边露出了鱼肚白，太阳就要出现在那里了！夸父急不可待地朝着天边奔去。他的速度不断地加快，如一团风、一束光。他一步步地靠近太阳，最后整个人都融入了太阳那火红的光芒之中。

夸父的视野里只剩下了红的光和烈的火。啊，原来太阳是这样的！既不与人一样，也不同于一般的物。太阳是一个世界，充满光与火、热与血，无边无际。

“那这样的世界又是谁创造的呢?”此时，夸父感觉灼热难忍，口渴难耐，就想先喝口水再来寻找这个问题的答案。

夸父跑到了河渭，河渭之水浩浩荡荡，他一饮而尽，但还是觉得口渴。于是，他又向北边的大泽奔去。他跑啊跑啊，渐渐地双腿开始不听使唤了，胸腔里似乎有团烈火在燃烧。他支撑不住了，头晕目眩，只觉得眼前的世界在杂乱地翻转。

“啊，太阳，我终于靠近你了！就让我永远与你在一起吧，我要认真地把你探索!”夸父虚弱而又欣喜地表达着内心的渴望，说完便“扑通”一声倒下了，倒在了太阳火红的光芒之中。

夸父死去了，他的手杖化成了一片茂盛的桃林。桃林绵延好几千里，年年都会结出鲜红的桃子，像是在提醒人们：不要忘了曾经有一位勇士为探索真理而死。

知识点

夸　父

据《山海经》记载：夸父立志要追赶太阳，赶上太阳后，热得焦渴难耐，于是饮于黄河、渭河。但喝干黄、渭两河的水，仍不能解渴，又想去北方喝大泽的水，结果没有到达大泽就渴死了。他所遗弃的手杖化成“邓林”(后印证为桃林)。《大荒北经》：“大荒之中，有山名曰成都载天。有人珥两黄蛇，把两黄蛇，名曰夸父。后土生信，信生夸父。夸父不量力，欲追日景，逮之于禺谷。将饮河而不足也，将走大泽，未至，死于此。”《山海经》：“夸父与日逐走，入日；渴，欲得饮，饮于河、渭。河、渭不足，北饮大泽。未至，道渴而死。弃其杖，化为邓林。”后有成语“夸父逐日”。

历史上的夸父应该是战死的，他是共工之曾孙。黄帝打败蚩尤，击败榆罔后，欲图中原，与共工展开激战，共工部族败，被黄帝所围，夸父不忍心看到全族覆亡，于是组织突围，并自行断后。逃至函谷关时，被黄帝部将应龙射杀，但共工已经逃走了。黄帝后人为丑化夸父，把其说为是自不量力的追日者，才会有许多传说说夸父是一位“精神病患者”，喜欢在太阳下“裸奔”，最终进到了太阳的肚子里，喝干了黄河、渭水的水，想去雁门关大泽饮水并在途中渴死了。

延伸阅读

山海经

《山海经》全书现存18篇，据说原共22篇约32 650字。共藏山经5篇、海外经4篇、海内经5篇、大荒经4篇。《汉书·艺文志》作13篇，未把大荒经和海内经计算在内。全书内容，以五藏山经5篇和海外经4篇作为一组；海内经4篇作为一组；而大荒经5篇以及书末海内经1篇又作为一组。每组的组织结构，自具首尾，前后贯串，有纲有目。五藏山经的一组，依南、西、北、东、中的方位次序分篇，每篇又分若干节，前一节和后一节又用有关联的语句相承接，使篇节间的关系表现得非常清楚。《藏山经》主要记载山川地理，动植物和矿物等的分布情况；《海经》中的《海外经》主要记载海外各国的奇异风貌；《海内经》主要记载海内的神奇事物；《荒经》主要记载了与黄帝、女娲和大禹等有关的许多重要神话资料。

该书按照地区不按时间把这些事物一一记录。所记事物大部分由南开始，然后向西，再向北，最后到达大陆（九州）中部。九州四围被东海、西海、南海、北海所包围。古代中国也一直把《山海经》作历史看待，是中国各代史家的必备参考书，由于该书成书年代久远，连司马迁写《史记》时也认为："至《禹本纪》，《山海经》所有怪物，余不敢言之也。"对古代历史、地理、文化、中外交通、民俗、神话等研究，均有价值参考。

后羿射日

自古以来，人们就伴随着太阳的东升西没，日出而作，日入而息，天天如此，年年如此。可是神话中传说，很久很久以前，天上曾出现过 10 个太阳，他们都是天帝和女神羲和的儿子，一起住在东方叫做旸谷的大海里。

旸谷里长着一棵高达万丈的扶桑树，这些太阳就像鸟一样栖息在扶桑树枝上。他们每天有一个太阳值班，在扶桑树的顶上终年站着一只玉鸡，每当黑夜应该结束，黎明应该到来的时候，玉鸡就喔喔地叫起来，人间的鸡也跟着叫起来。

这时值班的太阳就要出发了，他登上母亲羲和驾着的由 6 条玉龙拉着的金车，开始在天穹的太阳金车大道上行驶。当太阳偏西时，他就下了金车，自己向西边的家走去，而母亲羲和则驾车返回扶桑，准备明天再送一个儿子值班。

这样日复一日，年复一年，不知过了多少年代以后，有一个奸诈的天神跑去煽动太阳们，说他们的工作太乏味了，应当自由自在地到天空去玩一玩。于是太阳们偷偷地商量，明天要瞒着母亲出去戏耍一番。

第二天，玉鸡刚刚啼叫，羲和还在准备龙车，10 个太阳便一下子一齐跑了出来，谁也不听妈妈的呼唤，径自向天空四散跑去，尽情玩耍。羲和驾着金车追赶他们，但追上了这个，那个又跑了，急得没有办法。

太阳们玩得真开心，可是大地上的人们可遭了殃，大地被 10 个太阳晒得滚烫，禾苗枯死，万木凋零，各种禽兽也被晒死、烤干。人们真的成了热锅上的蚂蚁，只好钻进深井和山洞中去躲避这种炎热，人类面临着灭绝的危险。

可是人们对那些横行无忌的太阳能有什么办法呢！于是只好纷纷向着天空

祷告，请求天帝管束一下自己的儿子，救救无辜的人民大众。但人们哪里知道，此时的九重天上却是和风细雨，玉露甘霖，琼浆玉液，仙桃佳肴，仙乐阵阵，玉皇大帝感受不到太阳的炙烤，听不到人间的祈祷，也就不能去过问这件事。

后羿射日

天神中有一个叫后羿的，他的箭法极好，百发百中，天上无敌，他还有一个正直勇敢、为民请命的性格。他知道10个太阳给人间带来的苦难后，就去找天帝请命并借来彤弓和素缯。天帝则要后羿见机行事，弄不好就不要回天宫来了。

后羿带着彤弓、素缯来到人间，彤弓是一张红色的宝弓，素缯则是一袋神箭。人们听说后羿来到人间为民除害，纷纷从山洞、枯井里走出来，欢呼着。后羿看到已被折磨得不成人样的百姓，心中非常难过，更加强了他为民除害的决心。

这时，10个太阳正在狂暴地喷吐着火焰，向人们示威。后羿热血沸腾，双眼射出愤怒的火光，他取下彤弓，抽出一支素缯神箭，拉满了弓，瞄准了最近的一个太阳，而这个太阳好像正要扑下来，用强烈的光刺着后羿的双眼，用灼热的火焰烧焦了后羿的眉睫，但后羿一动不动，“嗖”一支神箭射上天空，一个太阳迸裂了，摔在地上，原来是一只三条腿的乌鸦，像一座小山一样。

人们欢呼着，后羿眼看着太阳们有些慌乱，但还没有退下去的意思，便接着又抽出第二支神箭，向中间的一个太阳射去，又一只乌鸦跌落下来，其余的太阳开始向四方逃跑。

百姓愤怒地高喊：“不要让他们跑掉!”这时候羿早已忘了自己，他深深地被痛苦的人民的情绪感染着。他接着又连续地把神箭一支支地射上天空，仓惶的太阳一个个地落下来，最后，只剩下一个太阳脸色苍白地逃向天边。

从此，这个太阳就按部就班地在天上值班，用他的光和热照耀着大地，大地又恢复了往日的生机。可是后羿由于射死了天帝的儿子而被贬到人间，永远也回不到天堂去了。

知识点

羲　和

羲和，传说中的中国的太阳女神，东夷人祖先帝俊的妻子，生了10个太阳。羲和又是太阳的赶车夫。因为有着这样不同寻常的本领，所以在上古时代，羲和又成了制定时历的人。

延伸阅读

历史上真实的后羿

后羿本称司羿，是群司（司空、司徒等）之一。“司”本义指知识和技能在家族中世代传承，“羿”是“射师”之义，“司羿”是“世袭的射师”。在帝喾时代，当时一位射师被任命为羽林军教头，此后这一显赫职务就在该家族内部世代传承。到了夏初，因太康不理朝政，作为羽林军教头的司羿发动宫廷政变（此即“射日”），摄取夏政，史称“后羿”。“后”由“司”字改造而来，意思是“世袭的帝王”。后被家臣寒浞所杀。

嫦娥奔月

月亮是地球的天然卫星，它绕着地球一月一周地旋转，它的圆缺变化给人们留下深刻印象，月亮本身的亮暗轮廓使人们产生许多遐想，从而也有许多优美的传说。“寂寞嫦娥舒广袖……”就是说月宫里住着一位女神嫦娥。

神话中嫦娥是后羿的妻子。由于后羿射死了 9 个太阳，惹怒了玉皇大帝，于是天帝把后羿贬到下界，不能回天宫去。

嫦娥奔月

后羿无奈，带着妻子嫦娥来到人间，他们没有到比较繁华的中原地区，生怕打扰百姓，而是悄悄地隐居在山间。下界的百姓以为后羿回到天上去了，只有每天对后羿歌功颂德，没有去打听后羿的下落。

后羿由于为民除害而受到玉皇大帝的贬罚，他心中深感上天的不公平，但由于他是为民除害、解救人类，所以想起来心中是坦然的。他每天骑着马，拿着弓箭去山里打猎，每天用自己的猎物来维持温饱，生活比起天堂来是相当艰苦的，但他又想，人间的百姓不是都过着这样的生活吗！这样的清贫反而很愉快。

但是后羿的妻子嫦娥却对这种寂寞和艰苦忍受不了。她本来在天上是受人尊敬的女神，吃的是玉液琼浆，穿的云锦天衣，而且总有许多仙女陪伴自己游玩戏耍，每天逍遥自在。可是现在，丈夫后羿要每天出去打猎，她要自己动手去把丈夫打回来的猎物剥皮、烧烤，每天只是吃这些东西，很是乏味，而且周围一个伙伴也没有，非常寂寞。

时间一久，她开始埋怨丈夫，认为当初嫁给后羿是因为后羿是个英雄，早知有这样的下场，还不如找个平庸的天神好了。

后羿听了妻子的埋怨，很难过，也觉得是自己连累了妻子，但也想不出用什么话来安慰妻子。

后来还是嫦娥说话了，她对后羿说："你回上天去，对玉皇大帝说些赔情话，求他让我们回天上去吧！"

可是后羿却说："不，我不能向他低头，我为民除害没有错，我没必要去说赔情话！"

"但你也要为将来想想啊，我们都成了凡人，以后会死的，死了就要到地下的阴曹地府，和那些鬼魂在一起，受些窝囊气，那时可怎么过呀？"嫦娥又对丈夫说。

后羿听了，感到嫦娥的话有一定道理，自己也不愿到阴曹地府去受气，但也不愿到天帝那儿去求情，怎么办呢？要想不死，只有去找长生不老药了。

后羿决定去找长生不老药。他知道，在昆仑山不远的地方有个瑶池，那里住着一位大神叫西王母，在当年能够过火山、渡弱水、登上昆仑山的大神就只有西王母一个，所以她有时从昆仑山的不死树上摘下一些果子，拿回来炼些长生不老药。

于是后羿历经千辛万苦到昆仑山的瑶池找到西王母。西王母很敬重后羿这个英雄，也很同情他，就取出仅剩的一点药交给后羿说："药只剩下这些了，你们夫妇吃了可以长生不老，要是一个人吃了，就可以升天为神了，一定保存好，下一炉药要500年之后才能炼出来呢！"

后羿拜谢了西王母，回到家里，把药交给嫦娥，自己感到非常劳累，就想明天和嫦娥一起吃药吧！想着就呼呼地睡着了。

可是嫦娥却另有打算，她想，自己原是天上的女神，现在被贬，全是受丈夫连累，自己应该利用这个机会恢复成女神才是。

于是她背着丈夫把一包药全吃了。顿时，嫦娥感到轻飘飘地，不由自主地飘到屋外，抬头看到万里晴空，一轮明月向大地洒着皎洁的光华。嫦娥在空中飘着，天宫越来越近了，她猛然想起自己背离丈夫去天宫，伙伴们一定会耻笑自己。

她后悔了，想回到地上去，但身不由己了，于是她决定不回天宫，返身向月宫飘去，她想月宫里也有琼楼玉宇，一派仙境，到那里是可以安身的。嫦娥来到了月宫，却看到一片冷清，漂亮的玉宇琼楼空空荡荡，没有一点生气，她找遍月宫，只有一只小白兔可以和她作伴。

她后悔极了，悔恨自己不该背叛后羿，但有什么用呢？她再也无法离开月宫了，每天只能抱着玉兔，含泪凝望着充满生气的下界，现在已经被茫茫云海所隔断，心中非常忧伤。

再说后羿一觉醒来，发现妻子不见了，又看到仙药也没有了，他马上明白了，心里很难过，他奔到窗口，抬头看见一个人影向月宫飞去，他失望又愤怒，便想用神箭射她，可又一想，既然她受不了苦，就由她去吧。这样，嫦娥就住在月宫里去了，而后羿还是下界的一个平民。

其实，月亮是地球的唯一天然卫星，它本身不发光，靠反射太阳光而显得明亮。月面上的最显著特征是月海和环形山，在没有发明望远镜的时候，这些较暗的月海和较亮的山被人们想象成一些画面，而且月球是同步自转，它几乎总是以同一面面向地球，因而，这些画面给人们留下深刻印象和无尽的想象，月里嫦娥的神话故事就是人们根据月面的明暗形象而想象出来的。

知识点

西王母

传说中的女神。原是掌管灾疫和刑罚的大神，后于流传过程中逐渐女性化与温和化，而成为慈祥的女神。相传西王母住在昆仑仙岛，西王母的瑶池蟠桃园，园里种有蟠桃，食之可长生不老。亦称为金母、瑶池金母、瑶池圣母等。

延伸阅读

历史中的嫦娥

嫦娥不仅仅是神话中的人物，历史中确有其人。嫦娥，本作姮娥，因西汉时为避汉文帝刘恒的讳而改称嫦娥，又作常娥，是中国神话人物、后羿之妻。嫦娥之嫦，字从女从常，为“不死女”之义。“娥”字从女从我，意为“我族女子”、“贵族女子”、“王族女子”。本义为“王后”、“帝妃”。嫦娥拥有“娥”的头衔，是她夫君后羿曾因夏民以代夏政的结果，后来后羿被家臣寒浞所杀并谋朝篡位，，按当时习俗，应该烝娶羿妻嫦娥，于是嫦娥奔月，入住“广寒宫”，这就是“寒舍”，即“寒浞之舍”的由来。

吴刚伐桂

月朗星稀的夜晚，当我们抬头仰望那轮明月时，似乎能看见月宫里有一棵茂盛的桂花树，有人正在不知疲倦地砍伐着它。这时，老人们就会对充满好奇的小孩子讲起吴刚伐桂树的故事。

据说吴刚是一个很聪明的人，天赋极高。可惜的是他自恃聪明，目中无人，而且做事缺乏耐心，有头无尾。

起初，吴刚见农民地里的庄稼绿油油的，鲜嫩好看，不禁对种庄稼产生了兴趣，就央求老农教他种地。

没几天工夫，他就把地种得像模像样了。这时，他就觉得种地太简单了，像自己这么聪明的人，不应该总是和土地打交道，不然会降低自己的格调。

于是吴刚决心离开家乡，到大都市去学真本事。他先后拜木匠、泥瓦匠、铁匠为师，虽然学习的内容不同，但结果却是一样的：当他学到差不多的时候，就甩手不干了。

吴刚这样为自己的半途而废找理由：“人间的事情呀，做来做去都是一个样，单调乏味，毫无趣味可言。看来，像我这么聪明的人，只有去做神仙，才会使生活充满乐趣。”

于是，他又离开大都市，跑到深山中去寻访神仙去了。

“人间的生活太没劲了，我想做神仙，您教我做神仙吧。”吴刚向一位神仙请求道。

神仙听了他的请求，哈哈一笑，说：“做神仙可不是件容易的事，不是人人都可以做到的，这需要有坚强的毅力。不过，既然你想试试，我可以教你。从明天起，我先教你医术。这是做神仙的基础，你用心学吧！”

吴刚兴奋极了，心想现在终于可以学到一件有意义的事了。此后，他每天跟着神仙翻山越岭，采集草药，学习药理。

但是，没过半个月，吴刚就厌烦了每日四处奔波的生活和枯燥无味的医术。他央求神仙道：“我看医术这玩意儿也没有您说的那么深奥，您还是教我点别的吧！”

神仙迟疑了片刻，勉为其难地说：“好吧，明天我就教你下围棋。这里面有高深的学问，可以培养你的悟性和耐心，帮助你练成气定神闲的功夫，助你早日成仙。”

吴刚十分聪明，没几日，围棋就下得有板有眼，大有超过神仙之势。但他觉得围棋就只有黑、白两色棋子，单调至极，便又缠着神仙说：“我看下棋这东西太简单，简直是侮辱我的智商。你还是教我些难懂的吧！”

神仙无奈地长叹一声，面无表情地说：“那你去读天书吧！你什么时候读懂天书，我们什么时候再相见吧！”

吴刚见神仙如此绝情，便下定决心要读懂天书。他把自己关在一个石洞里，没日没夜地想了又想，脑中突然闪过月亮的影子：晚上的月亮洁白如玉，想必上面一定有好玩的。于是他兴冲冲地说：“人间没有什么意思，我们还是到月亮上去走走吧！”

“这简单。”神仙微笑着说，“你闭上眼睛，跟着我就是了。”

吴刚听话地闭上眼睛，觉得自己突然轻飘飘地飞了起来，就像一片羽毛般在空中飘荡着。不一会儿工夫，只听神仙说：“好了，你睁开眼睛吧。月宫到了！”

吴刚举目四望，目光所及之处皆冷冷清清，萧索荒凉，只有一棵大桂树，长得根深叶茂、郁郁葱葱、耸入云霄。

“唉，早知如此，还不如在人间玩玩呢!”吴刚失望极了，转而请求神仙带他再回人间。

神仙摸着胡子，面带微笑，若有所思地看着吴刚，说：“你没有耐性，这样是成不了仙的。看到这棵桂树了吗？它号称三百斧头，也就是说，有耐性的人砍它三百斧头，就可以把它砍倒。而没有耐性的人即使砍上它三千斧头，它仍会边砍边长，丝毫不动摇。如果有一天你能把它砍倒，就证明你有了神仙的定性，那我就来接你回去，并请求玉帝恩准你成为神仙；要是你砍不倒它，那你就生生世世在这里砍桂树吧!”

神仙说完，便化作一缕轻烟，消失在无边无垠的天际了。

吴刚悔恨不已，直打自己耳光，骂自己“偷鸡不成反蚀一把米”。见回人间无望，他只得拼命地砍那棵桂树，希望有朝一日能将它砍倒，成为神仙。可惜他恶习不改，总是缺乏耐性，虽历经千万年，时至今日依然在月亮上东一斧头、西一斧头，无精打采地砍着那棵桂树……

知识点

桂 树

桂树，为常绿阔叶乔木，高可达15米，树冠可覆盖400平方米，桂花实生苗有明显的主根，根系发达深长。幼根浅黄褐色，老根黄褐色。嫁接苗的根系因砧木而异；插条埋入土中各处易生不定根，但无明显主根。桂花分枝性强且分枝点低，特别在幼年尤为明显，因此常呈灌木状。密植或修剪后，则可成明显主干。树皮粗糙，灰褐色或灰白色，有时显出皮孔。叶面光滑，革质，近轴面暗亮绿色，远轴面色较淡；椭圆形，长椭圆形、卵形、倒卵形，披针形、倒披针形、长披针形至卵披针形。

延伸阅读

月　海

所谓的月海，是指月球月面上比较低洼的平原，用肉眼遥望月球有些黑暗色斑块，这些大面积的阴暗区就叫做月海。月海是月球表面的主要地理单元，约占全月面总面积的25%。迄今已知的月海有22个，绝大多数月海分布在面向地球月球的正面，正面月海约占半球面积的一半；月球背面只有东海、莫斯科海和智海共3个，而且面积很小，占半球面积的25%。月海虽叫做“海”，但徒有虚名，实际上它滴水不含，只不过是较平坦的比周围低洼的大平原，它的表层覆盖类似地球玄武岩那样的岩石，即月海玄武岩。

日食和月食的发生主角

日月食发生的原理并不像人们表面看到的那样简单，而是日、地、月三者的位移变化引起的。当然，日、地、月就是日月食发生的主角了，没有了它们中的任何一个，日食将不会出现，月食也更是空谈。所以，日、地、月三者缺一不可。

太阳是日月食发生的主体，没有了太阳这个大光源，便不会有日月食；地球和月亮的位置是移动的，地球遮挡了太阳的光芒，便有了月食；月亮遮挡了太阳的光芒，便有了日食。

地球来自哪里

1654 年，爱尔兰大主教厄谢尔考证希伯来的经典，居然得出地球是在公元前 4004 年 10 月 26 日上午 9 时由上帝创造的，这个时间被计算得如此精确，以致不少人相信这种毫无根据的无稽之谈，当时欧洲人竞信奉无疑。这一“神话”自然已经被后来的科学研究无情地粉碎了。

因为根据科学研究，地球至少有 46 亿年了。那么，46 亿年前又是谁创造了地球呢？这还得从太阳系说起，因为地球是太阳系的八大行星之一，它也经历了吸附、积聚、碰撞这样一个共同的物理演化过程。它们具有共同的起源。

科学家们研究认为，宇宙是在一次大爆炸中诞生的，他们推测，“大爆炸”把基本粒子抛向四面八方之后，宇宙中出现了一团一团的气体。

有某些部分冷却下来，变成了尘埃。在引力的作用下，尘埃或云团发生了积聚，产生了许许多多的星云和星体。银河系就是其中的一个星云。银河系里弥漫着大量的星云物质，它们因自身的引力作用而收缩，在收缩过程中产生的旋涡，使星云破裂成许多“碎片”。其中，形成太阳系的那些碎片，就称为太阳星云。

由气体尘埃云组成的原始太阳星云在恒星际空间凝聚时，因质量收缩而越转越快，逐渐形成一个圆盘。到了某个阶段，在圆盘中心形成一颗恒星，这就是太阳。

太阳周围的许多尘埃，受它引力的影响，开始因绕太阳运转。起初，它们运转的速度和运转的轨道十分凌乱，在运转过程中，它们相互交叉和碰撞，又相互结合，形成越来越大的颗粒物，并开始吸附周围一些较小的尘粒。使体积日益增大，先是形成小行星大小的陨石物体，以后又由这样的物体聚成原始地球。

原始地球同我们现在的地球还不完全一样，在原始地球上，温度较低，各种物质混杂在一起，没有明显的分层现象。

后来，由于地球内部放射性元素产生了大量的蜕变热，地球温度逐渐升高，内部物质产生了越来越大的可塑性，原始地球局部开始熔化。表面成为一层厚达400千米的岩浆。与此同时，岩浆中较重的铁在重力作用下，渗向地球中心而构成地核。

地球外表面较轻的部分则冷却而形成一层薄薄的固体状地壳，这层地壳就漂浮在沸腾的岩浆上面。随着沸腾岩浆在不断地翻滚，那薄薄的地壳也在不断地移动和变化。后来，岩浆温度逐渐降低，地壳下面有一部分岩浆开始慢慢地凝结而成为固体，

人类的家园——地球

火山喷发

我们把它称为地幔。

在形成地幔的两亿年中，沸腾的岩浆竭力要冲到外面来，于是地幔中出现了许多状如蜂窝的对流区。在每个对流区的中心，都有岩浆从地壳的裂口中喷射出来，把周围的地壳挤到边上去。挤到边上的地壳又被下面的岩浆融化和吞没。在这种周而复始的岩浆对流过程中，地球上出现了许许多多非常剧烈和频繁的火山喷发运动。

火山喷出的熔岩凝固以后，就构成了最初出现的陆地。这是38亿年前地球的雏形，如今地球仍在继续演化。不过宇宙大爆炸理论只是一种假说，所以地球的身世和太阳、月球的身世一样，还需要更多的科学研究来证实。

知识点

地　核

地核是地球的核心部分，主要由铁、镍元素组成，半径为3 480千米。地核又分为外地核和内地核两部分。地核的体积占地球总质量的16%，地幔占83%，而与人们关系最密切的地壳，仅占1%而已。

地球内部从古登堡面起，一直到地球中心，称之为地核。地核的质量占整个地球质量的31.5%，体积占整个地球体积的16.2%。根据地震波的变化情况，发现地核也有外核、内核之别。内、外核的分界面，大约在5 155千米处。因地震波的横波不能穿过外核，所以一般推测外核是由铁、镍、硅等物质构成的熔融态或近于液态的物质组成。液态外核会缓慢流动，故有人推测地球磁场的形成可能与它有关。由于纵波在内核存在，所以内核可能是固态的。关于内核的物质构成，学术界有不少争议，许多人认为，主要是由铁和镍组成。但究竟是何物，这一切都还有待于进一步探索证明。此外，内外核也不是截然分开的。有的学者认为，在内外核之间，还存在一个不大不小的“过渡层”，深度在地下4 980 ~5 120千米之间。地核的密度很大，即使最坚硬的金刚石，在这里也会被压成黄油那样软。这里的温度可达4 000℃ ~6 000℃。

延伸阅读

地震波

我们能够用钻探了解地球内部，可现在最先进的钻探也不过能穿透14千米，如果把地球比作一个鸡蛋的话，那就连鸡蛋皮也不能穿透。后来，科学家们终于知道了打开地心之门的钥匙——地震波。20世纪初，南斯拉夫地震学家莫霍洛维奇忽然醒悟：原来地震波就是我们探察地球内部的“超声波探测器”！地震波就是地震时发出的震波，它有横波和纵波两种，横波只能穿过固体物质，纵波却能在固体、液体和气体任一种物资中自由通行。通过的物质密度大，地震波的传播速度就快，物质密度小，传播速度就慢。莫霍洛维奇发现，在地下33千米的地方，地震波的传播速度猛然加快，这表明这里的物质密度很大，物质成分也与地球表面不同。地球内部这个深度，就被称为“莫霍面”。

1914年，美国地震学家古登堡又发现，在地下2 900千米的地方，纵波速度突然减慢，横波则消失了，这说明，这里的物质密度变小了，固体物质也没有了，地球之心在这里，只剩下了液体和气体。这个深度，就被称为“古登堡面”。

地球之心之谜终于搞清楚了：地球从外到里，被莫霍面和古登堡面分成3层，分别是地壳、地幔和地核。地壳主要是岩石，地幔主要是含有镁、铁和硅的橄榄岩，地核，也就是真正的地球之心，主要是铁和镍，那里的温度可能高达4 982℃。

地球是人类的共同家园，然而，随着科学技术的发展和经济规模的扩大，全球环境状况在过去30年里持续恶化。有资料表明：自1860年有气象仪器观测记录以来，全球年平均温度升高了0.6℃，最暖的13个年份均出现在1983年以后。20世纪80年代，全球每年受灾害影响的人数平均为1.47亿，而到了20世纪90年代，这一数字上升到2.11亿。目前世界上约有40%的人口严重缺水，如果这一趋势得不到遏制，在30年内，全球55%以上的人口将面临水荒。自然环境的恶化也严重威胁着地球上的野生物种。如今全球12%的鸟类和1/4的哺乳动物濒临灭绝，而过度捕捞已导致1/3的鱼类资源枯竭。

地球的年龄

我们常说地球有46亿岁了。但是谁也没有活过这么长的时间，人们是怎么知道地球到底有多少岁了呢？科学家自有自己的办法。

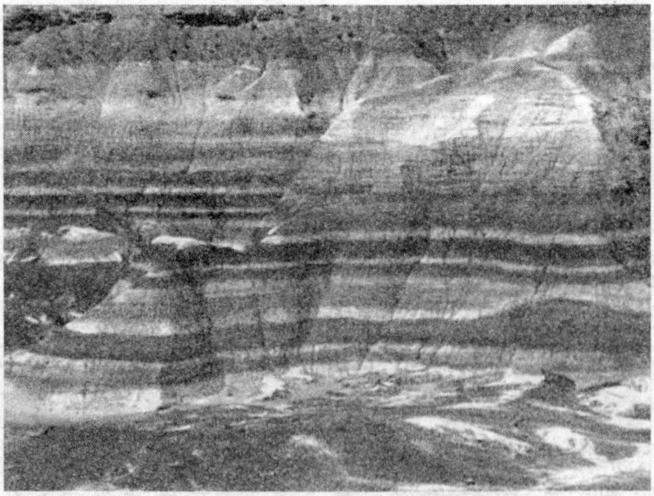

岩　层

在科学并不发达的过去，犹太学者根据《圣经》的上帝创世说，推算出地球的历史不过6 000年左右。而我国古人则推测："自开辟至于获麟（指公元前481年），凡二百一十六万七千年。"

以上的推测虽然都认为天地自形成以来经历了一段漫长的年月，但是，对地球的起源及地球的年龄的推测不超过2 500万年。

1862年，英国著名物理学家汤姆森，根据地球形成时是一个炽热火球的设想，并考虑了热带岩石中的传导和地面散热的快慢，认为如果地球上没有其他热的来源，那么，地球从早期炽热状态冷却到现在这样，至少不会少于2 000万年，最多不会多于4亿年。

20世纪以来，人们使用同位素的方法来测定地球的年龄。地质学家用岩石中发现的生物化石以及岩石本身的放射性资料来估计地球的年龄。利用生存的物种演化为根据的方法，研究人员研究了在地壳岩石形成时被记录下来的地质上的代和纪。

随着时间的消逝，地质过程形成了新的岩层（地层）。每个地层含有当时生存的物种的化石。以不同地点的化石相关连比较，地质学家可鉴定出那些地层属于相同时期。地质学家已给这些纪或代命了名。例如古生代的泥盆纪（当时陆地动物首次出现）。因为较迟形成的地层置于较早形成的地层的上方，地质上的纪可以按顺序放置成为系列。我们可以搞出这样一个系列以及无论在什么地理位置上这个系列是相同的这件事实，被看作是用这个方法再现地球历史大致算是正确的一个证明。

为了估计每个地质的代发生在多久以前，地质学家使用了放射性定年技术。他们发现最早的是前寒武纪的太古代，它发生在超过25亿年以前。跨得这样远的时间是难以想象的事情，可是定年方法所得的结果与其他资料一致。

到目前为止所发现的地球上最古老岩石的年龄有37亿年。这就产生了地球本身的年龄问题。很明显地球的年龄应当至少是37亿年。

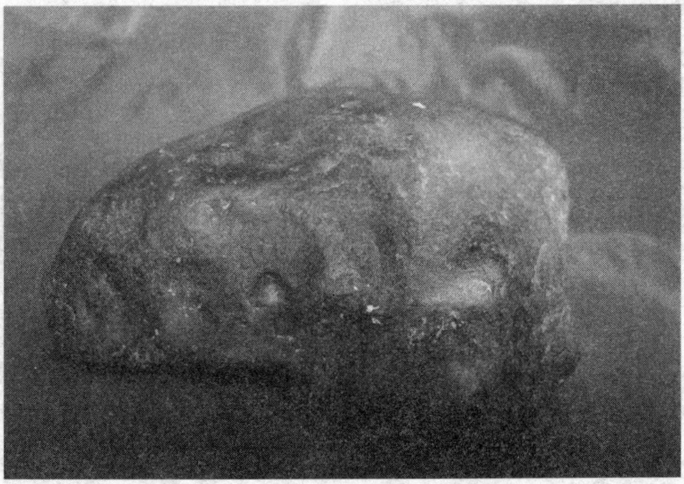

陨　石

放射性定年技术也应用于陨石，它是从空间落到地球上的岩石和铁的碎片。它们都已有大约46亿年的年龄。因为陨石的轨道是在太阳系内，至少太阳系的某些部分在那个时候可能就已经形成了。美国国家航空和宇航局的阿波罗计划是通过开展对地球以外的另一颗天体（月球）以作地质考察，对于这个问题予以更多的启发。

采回来检验的最老月球岩石年龄是46亿年。天然产生的元素，铅同位素的某些资料也指出地球年龄是46亿年。

这个证据表明一个影响到地球、月球和陨石母体的重大事件发生在46亿年以前。最简单的解释是这个事件与从星际物质云产生太阳系（行星和太阳）有关。

然而，对于地球46亿岁的结论还有许多争论。有人提出疑问，认为这个数据是基于地球、月球和陨石是由同一星云、同一时间演变而来的前提下，而这一前提还是一个有争议的假设。另外，认为放射性元素的蜕变率是不随时间、环境等条件的变化而变化的假设也未必正确。

也有人主张地球可能有更大的年龄值。如我国地质学家李四光，认为地球大概在60亿年前开始形成，至45亿年前才成为一个地质实体。

前苏联学者施密特根根据他的“俘获说”，从尘埃、陨石积成为地球的角度进行计算，结果获得76亿年的年龄值。

然而，众多的结论都是依靠间接证据推测出的。人们至今也未在地球上找到它本身的超过40亿年以上的岩石，因此，地球高寿几何，还有待于作更深入的研究。46亿年这个数字，只是进一步研究的起点。

知识点

李四光

李四光（1889—1971），中国著名地质学家，湖北省黄冈县回龙山香炉湾人，蒙古族。首创地质力学。中央研究院院士，中国科学院院士。李四光的卓越成就曾被拍成电影。

延伸阅读

地球卫星

地球卫星分为人造地球卫星和自然地球卫星。自然卫星有两个，一是月亮，第二颗是一个名叫特鲁克尼的小卫星，也叫地卫二。人造地球卫星一般分为技术卫星、通信卫星、侦察卫星、气象卫星、资源卫星等。

地球的形状和大小

地球表面崎岖不平，它的真实形状是非常不规则的，但比起地球的大小来，地面起伏的差异又是微不足道的。因此，在讨论地球形状这一课题时，为了使它的总体形状特征不被地面起伏的微小差异所掩盖，人们不去考虑地球表面的形状，而是研究它某种理论上的表面形状，这就是全球静止海面的形状。

所谓全球静止海面的形状，指的是海面的形状。它忽视地表的海陆差异，海面显然要简单和平整得多。所谓静止海面，指的是平均海面，它设想海面没有波浪起伏和潮汐涨落，也没有洋流的影响，完全平静。

所谓全球静止海面，它不仅包括实际存在的太平洋、大西洋、印度洋和北冰洋，而且以某种假想的方式，把静止海面延伸到陆地底下，形成一个全球性的封闭曲面，称为大地水准面。这是一个重力作用下的等位面，是地面上海拔高度起算面，地球的形状就是指大地水准面的形状。

古希腊学者埃拉托色尼（约前 276—前 194）在历史上第一次粗略地测定了地球的大小。当夏至日正午，太阳位于埃及南部阿斯旺（旧时称悉尼）的天顶，阳光直射深井的井底，埃拉托色尼据此认为，阿斯旺地处北回归线。他还估计，亚历山大与阿斯旺位于同一经线上，两地相距约为 5 000 斯台地亚（希腊里）。这样，他只要测出亚历山大夏至日正午大阳高度，就可以得出地球的大小。

静止海面

埃拉托色尼并不直接测定正午太阳高度，而是用圭表测定正午影长，这种圭表是半个空心圆球，圆球中央有一根竖直的轴，这根轴就是圆球的半径。当圭表放置地面的时候，这根轴便垂直于地面，指向天顶。

埃拉托色尼测得亚历山大夏至日正午，圭表轴投射在圆球上的影长，约为整个圆周的1/50，即约7.2°，古希腊人已有相当完备的几何学知识。埃拉托色尼推得，圭表轴投射在圆球内表面的影长与圆周长度之比，等于阿斯旺与亚历山大两地间的经线弧长与地球周长之比。换句话说，地球子午线周长等于阿斯旺至亚历山大之间距离的50倍，即250 000斯台地亚。1斯台地亚约合158米，那么，地球周长为39 500千米。这与近代的测定值40 025千米相当接近，换算成地球半径约为6 370千米。

严格说来，埃拉托色尼测定地球大小的工作，实际上只做了一半，即测定两地的纬度差，而两地间的距离是估算的，并非实测。最早实测子午线长度的，则是我国唐代天文学家僧一行（本名张遂，637—727）。

公元724年，在僧一行的主持下，太史监南宫说率领一支测量队，在今河南省黄河南北的平原地带，分别测定了大体上位于同一经线上的滑县、开封、扶沟和上蔡四地的分至日正午影长和极高”（即纬度），同时丈量了上述各地间的水平距离，从而得出“三百五十一里八十步而极差一度”。

僧一行没有球形大地的概念，他只是以实测数据否定当时“日影千里而差一寸”的说法，而没有把“极差一度”看作地面上的纬度，因此，僧一行并不理解自己所做的就是地球子午线长度的测定。就像后来的哥伦布并不知道他所发现的陆地是美洲一样。

人们对地球的形状有一个漫长的认识过程。古代东西方人由于受到生产力水平的限制，视野比较狭窄，所以认为天是圆的地是方的，即所谓的“天圆地方”。

公元前古希腊，人们已经开始注意很多现象，如：站得越高，看得越远，由远驶近的船只，总是先看见船的桅杆，再看到船身等等，对地球的形状产生直觉的推测。

僧一行

公元前6—5世纪，古希腊哲学家毕达哥拉斯（约前580—前500）就提出地球是球形的观念，另一位古希腊哲学家亚里士多德（前384—前322）根据月食时月球上的地影是一个圆，第一次科学论证了地球是个球体。公元1522年，麦哲伦及其伙伴完成绕地球一周以后，才确立了地球为球体的认识。

最早算出地球大小的，应该说是公元前3世纪希腊地理学家埃拉托色尼。他成功地用三角测量出地球周长约为25万希腊里（39 600千米），与实际长度只差340千米，这在2 000年前是非常了不起的。

17世纪末，牛顿研究了地球自转对地球形态的影响，从理论上推测地球不是一个很圆的球形，而是一个赤道处略为隆起，两极略为扁平的椭球体。

1672年法国人里舍把一个在法国巴黎运转准确的单摆钟，放在赤道附近南美洲的圭亚那的卡宴，却每天慢2分28秒，这是一个不小的误差。他不得不根据恒星的运动来校正他的摆钟，把摆长缩短4毫米，使摆钟恢复正常定时。

两年后，里舍回到巴黎，却发现钟又走快了，加快的数值恰好就是当初在南美减慢的数值。他把钟摆恢复到原来的长度，于是，钟又走准了。研究了这一现象后他认为，地球在赤道附近是凸起的，于是得出结论：地球不是正球体，而是略扁的扁球体。

知识点

僧一行

僧一行，本名张遂（683—727），是中国唐代的天文学家和比丘（佛教指和尚）。汉族，邢州巨鹿人（今河北省邢台市），唐高宗咸亨四年（673），出生于魏州昌乐（今河北魏县）。青年时期出家当了和尚，一行是他的法名。

僧一行是唐代最著名的数学家、科学家、天文学家。他天赋聪敏、潜心窥测，717 年他来到京城长安，为唐玄宗顾问。他把数学和天文学结合起来，创造了世界上最早的不等间距二次内插法公式；他组织并领导的在全国的 12 个点对北极高度和日影长短的测量。他对历法科学作出了重要的贡献，推算出“开元大衍历”，后世有人称赞它“历千古而无误差”，可惜他的著作后来全部失散了。

延伸阅读

赤道纪念碑

赤道纪念碑（Equatorial Monument）在厄瓜多尔基多市北方 95 千米。开车要 40 分钟。赤道正下方的纪念碑建于四面环山的盆地上，纪念碑旁有特产品店、餐厅。往纪念碑的途中有尤加利森林和栽培葡萄柚、葡萄的农园。

凡是到厄瓜多尔旅行的人，无不要去观赏名闻遐迩的胜迹——赤道纪念碑，这里被看做是“地球的中心”。

赤道纪念碑分为新旧两座，旧碑位于圣安东尼奥镇，在厄瓜多尔首都基多城以北 24 千米处。它三面被崇山峻岭环抱，海拔 2 483 米。

这座赤道纪念碑高约 10 米，用赭红色花岗岩建成。碑身呈正方形，四周刻有醒目的E、S、W、N四个英文字母，分别表示东、南、西、北4个方位。碑面上镌刻着西班牙碑文，以纪念那些对测量赤道、修建碑身作过贡献的法国和厄瓜多尔的科学家。下端刻着“这里是地球的中心”的字样。碑顶是一个大型的石雕地球仪，安放的方向是南极朝南，北极朝北。地球仪的中腰，从东到西刻有一条十分清晰的白线，代表赤道线。它一直延伸到碑底部的石阶上，赤道实际环球一周为40 075.13千米，从这里可把地球划分成南北两个完全相等的半球。厄瓜多尔人称这纪念碑为“世界之半”。每年3月31日和9月23日，太阳从赤道线上经过，直射赤道，全球昼夜相等。这时，厄瓜多尔人总要在此举行盛大的迎接太阳神的活动，感谢太阳给人类带来温暖和光明。来这里参观的游客们都喜欢在石阶上，两脚平踏在白线两边，摄影留念，以显示自己是脚踏两半球的人。

地球的内部结构

我们由直接观察所知的地球差不多完全限于它的表面。人类在上面挖穿的最深处与全球大小比起来不过像苹果皮之于苹果一样。

我们先要请读者注意一下地球上的重量、压力、重力等事实。我们试着研究一块1立方米的泥土，这是地球外层表面的一部分。这块泥土加在自己底上的重量也许是2.5吨。下面1立方米也有同样重量，因此加在自己底上的重量就是自身重量加上面1立方米的重量了。这种压力的增加一直随着我们的深入。

地球内部的每1平方米都支持着一直到表面的1平方米的泥块的压力。表面下不到若干厘米的地方这种压力就以吨计了；1千米深的地方大概是2 500吨；100千米的地方就是25万吨了；这样一直继续到中心。在这种不可思议的压力之下，地球中部的物质被高度地压缩。那儿的物质也更沉重。地球的平均密度被认为等于水的5.52倍，但其表面密度却只有水的两三倍。

关于地球的确定事实之一就是在表面以下的矿坑中，愈深处温度愈高。增加的比率依地域与纬度而各处不同，平均增加率是每下降约30米增高1℃。

这种温度的增加到地球中心时将怎样呢？回答这问题我们可以说不能仅仅根据表面的情形。因为地球外部在很久以前就冷却了，所以我们不能在下降时得到很大的温度增加。从地球存在以来热量都被保持着这一点事实，表明中心温度一定更高，而近表面的温度增加的比率也一定会保持到更深的若干千米直到地球的内部。

依照这增加率来看，地球的20千米或25千米深的地方的物质一定是灼热的，而200千米或250千米以下的热度则一定足以熔化所有构成地壳的物质了。这事实使早期的地质学家认为我们的地球是一个熔化了的大块，正如一大块熔化了的铁，上面蒙了一层几千米厚的冷壳层，我们就居住在这壳上。火山的存在以及地震的发生都增加了这种见解的可靠性。

但在19世纪20年代，天文学家与物理学家收集了一些证据，似乎证明地球从中心到表面都是固体，甚至比同样大的一块钢还坚硬。这一学说是开尔文爵士第一个发展的。他认为如果地球是被一层壳包着的液体，月亮的作用就不是吸起海洋的潮汐而只要将全地球向月亮的方向拉起来，却不改变壳与水之间的相对位置。

同样可靠的是那奇特的现象，地球表面的纬度变迁，这在下面我们就要讲到。不仅一个内部柔软的球体不能像地球这样旋转，甚至硬度不如钢的球体也不能。

那么我们如何能调和这固体性质与那不可思议的高温度呢？看来只有一个可能的解决方法：地球内部的物质因那巨大的压力而保持其为固体。

据实验证明：强大的压力能提高物质的熔点，压力越大，熔点就越高。一块岩石到了熔点以后再加以重压，压力的结果使它又还原为固体。因此，我们增加了温度只要同时考虑压力的问题就可以使地球中心物质保持固体了。

当然我们还有一些实际的办法来获得证据，在地表人工制造一个震源（如炸弹），通过接受地层的回波来确知地层结构。通过地震技术获得的资料发现，地球的内核与地壳为实体，而中间的外核与地幔层为流体。地核可能大多由铁构成，虽然也有可能是一些较轻的物质。地核中心的温度可能高达7 200℃，比太阳表面还热；下地幔可能由硅、镁、氧和一些铁、钙、铝构成；上地幔大多由橄榄石、辉石、钙、铝构成、地壳丰要由石英和类长石的其他硅酸盐构成。

知识点

经纬线

经纬线是怎样定出来的呢？地球是在不停地绕地轴旋转（地轴是一根通过地球南北两极和地球中心的假想线），在地球中腰画一个与地轴垂直的大圆圈，使圈上的每一点都和南北两极的距离相等，这个圆圈就叫做“赤道”。在赤道的南北两边，画出许多和赤道平行的圆圈，就是“纬圈”；构成这些圆圈的线段，叫做纬线。定义为地球面上一点到球心的连线与赤道平面的夹角。我们把赤道定为纬度零度，向南向北各为90°，在赤道以南的叫南纬，在赤道以北的叫北纬。北极就是北纬90°，南极就是南纬90°。纬度的高低也标志着气候的冷热，如赤道和低纬度地区无冬，两极和高纬度地区无夏，中纬度地区四季分明。

延伸阅读

地　震

地震是地球内部介质局部发生急剧的破裂，产生的震波，从而在一定范围内引起地面振动的现象。地震（earthquake）就是地球表层的快速振动，在古代又称为地动。它就像刮风、下雨、闪电一样，是地球上经常发生的一种自然现象。大地振动是地震最直观、最普遍的表现。在海底或滨海地区发生的强烈地震，能引起巨大的波浪，称为海啸。地震是极其频繁的，全球每年发生地震约500万次。

今天探测器可以遨游太阳系外层空间，但对人类脚下的地球内部却鞭长莫及。目前世界上最深的钻孔也不过14千米，连地壳都没有穿透。科学家只能通过研究地震波、地磁波和火山爆发来揭示地球内部的秘密。

地球是怎样运动的

对宇宙和太阳系有了初步的认识以后，我们就可以来讲一讲地球了。因为地球是人类居住的家园，所以曾经有一个很长的时期，人们认为地球是宇宙的中心，一切天体都绕着地球运行。直到1543年，哥白尼的《天体运行论》发表，日心说创立，这个错误观念才逐渐被抛弃。当然，哥白尼创立的日心说也有它的时代的局限性。为什么这么说呢？因为经过科学家的研究发现，无限广大的宇宙根本就不存在所谓的中心。那么，太阳自然也不是宇宙的中心。太阳只是太阳系的中心。而太阳在银河系中，又只不过是旋涡臂上的一个小点，一颗普通的恒星罢了。地球则只是太阳系中一颗普通的行星。

哥白尼在他的伟大著作《天体运行论》中不但揭示了地球并不是宇宙的中心，还论证了不是太阳绕地球运动，而是地球绕太阳运动。这就是地球的公转，地球绕太阳转一圈的时间就是一年。根据万有引力公式计算，地球与太阳之间的吸引力约为35万亿亿牛顿。地球绕太阳做圆周运动的速度约为30千米/秒，由此产生的惯性离心力与太阳对地球的引力平衡，使地球不会掉向太阳，而是一直绕太阳公转。

事实上，地球围绕太阳运动的轨道不是圆形，而是椭圆形的。每年1月初，地球经过轨道上离太阳最近的地点，天文学家将其称为近日点，这时地球距离太阳14 710万千米。7月初，地球经过轨道上离太阳最远的地点，天文学家将其称为远日点，这时地球距离太阳15 210万千米。所以，1月份我们看到的太阳，要比7月份稍大一些。但是，地球的轨道是一个非常接近于圆的椭圆，所以这种差别实际上极不明显，肉眼是没法看出来的，只有通过精密的测量才能发现。

更精确的观测告诉我们，地球的轨道与椭圆还有些稍小的差别，那是因为月球以及火星、金星等其他行星，都在用自己的吸引力影响地球的运动。然而，它们都比太阳小得多，对地球的引力作用很小，难以与太阳抗衡，所以，地球的轨道还是很接近于椭圆。因此，严格地说，地球公转的轨道是一条复杂的曲线，这条曲线十分接近于一个偏心率很小的椭圆，天文学家已经完全掌握了地球这种复杂运动的规律。

地球同太阳系其他七大行星一样，在绕太阳公转的同时，绕着一根假想的自转轴在不停地转动，这就是地球的自转。昼夜交替现象就是由于地球自转而产生的。地球自转也遵循着一定的规律。

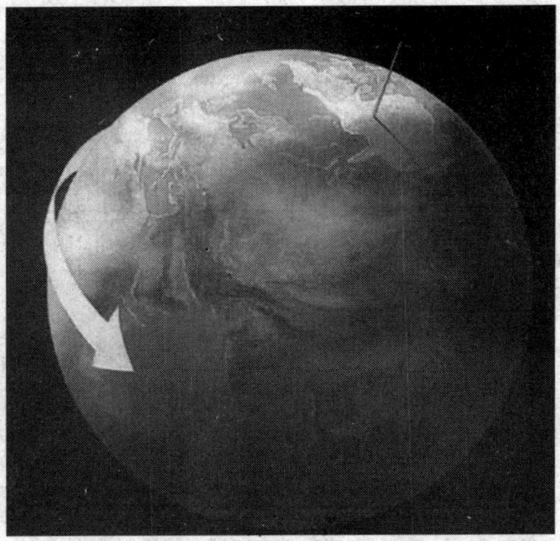

地球自转

长期以来，人们一直以为地球均匀不变地绕着自转轴旋转，大约每 23 小时 56 分旋转 1 周。实际上，地球并不是那么老老实实地按照均匀速度自转，在一年内，它有时快，有时慢。

地球的自转运动不仅在一年中是不均匀的，在许多世纪的过程中也是不均匀的。在最近 2 000 年来，每过 100 年，1 昼夜就要加长 0.001 秒。而且，每过几十年，地球还会来一个“跳动”，有几年转得快，有几年又转得慢。这是为什么呢?

科学家孜孜不倦地找寻原因，答案已逐步明朗：南极的巨大冰川，现在正在慢慢融化，这就意味着南极大陆的冰块在减少，南极大陆的质量在减轻。正是地球质量分布的变化影响了地球的自转速度。月亮能引起地球上海水的涨落，这种涨落是和地球旋转的方向相反的，这样就使地球的自转速度逐渐变慢。每年冬天，风从海洋吹到大陆上，夏天，风又从大陆吹回海洋，这些流动空气的质量大得难以令人相信，竟有 300 万亿吨！这么大质量的空气，从一处移到另一处，过一阵，又从另一处移回来，这就使地球的重心起了变化，结果旋转速度也就时快时慢。

地球自转速度还与海洋洋流、地壳板块运动、地核物质的重新分布等原因有关，它们都或大或小地影响了地球自转速度。因此，影响地球自转速度变化的原因很复杂，这已经成为天文学的一个重要研究课题。

知识点

哥白尼

尼古拉·哥白尼1473年出生于波兰。40岁时，哥白尼提出了日心说，并经过长年的观察和计算完成他的伟大著作《天体运行论》。1533年，60岁的哥白尼在罗马做了一系列的讲演，但直到他临近古稀之年才终于决定将它出版。1543年5月24日去世的那一天才收到出版商寄来的一部他写的书。哥白尼的日心说沉重地打击了教会的宇宙观，这是唯物主义和唯心主义斗争的伟大胜利。哥白尼是欧洲文艺复兴时期的一位巨人。他用毕生的精力去研究天文学，为后世留下了宝贵的遗产。哥白尼遗骨于2010年5月22日在波兰弗龙堡大教堂重新下葬。

延伸阅读

板块构造学说

板块学说认为，由岩石组成的地球表层并不是整体一块，而是由板块拼合而成的。全球大致分为六大板块，各大板块处于不断运动之中。一般来说，板块内部地壳比较稳定；板块与板块交界的地带，地壳比较活跃。据地质学家估计，大板块每年可以移动1~6厘米距离。这个速度虽然很小，但经过亿万年后，地球的海陆面貌就会发生巨大的变化：当两个板块逐渐分离时，在分离处即可出现新的凹地和海洋；大西洋和东非大裂谷就是在两块大板块发生分离时形成的。喜马拉雅山，就是3 000多万年前由南面的印度板块和北面的亚欧板块发生碰撞挤压而形成的。有时还会出现另一种情况：当两个坚硬的板块发生碰撞时，接触部分的岩层还没来得及发生弯曲变形，其中有一个板块已经深深地插入另一个板块的底部。由于碰撞的力量很大，插入部位很深，以至把原来板块上的老岩层一直带到高温地幔中，最后被熔化了。而在板块向地壳深处插入的部位，即形成了很深的海沟。西太平洋海底的一些大海沟就是这样形成的。

板块构造学说诞生后，已成功地解释了一些大地构造现象。同时，仍存在一些尚不能圆满解释的问题，有些推论也未得到最后的证实。但这些都不会影响这一学说的发展，相反会对它起推进作用。

地球是个巨大的磁场

远在2 000多年前的春秋战国时代，我国就发现了自然界的磁石（即磁铁矿）和磁石吸铁的现象。古人将磁石写作“慈石”，比喻磁石吸铁犹如父命慈爱子女一样。后来，人们开始用磁石束做指示方向的工具、叫做司南。

司南的样子像一个汤勺，它的下面是一个铜盘，刻有24个方位。勺可在盘上转动，停止转动后勺柄就能指示南方。现在，北京中国历史博物馆内有复原的司南模型。

到了宋代，人们拿一根钢针，放在磁铁上磨，使钢针变成磁针，发明了用人工磁化方法制成的便于应用的指南针，而且还应用到航海上。

我国还发现了指南针所指的南北与真正南北略有偏离的磁偏角现象。后来，指南针传到了欧洲，对新航线和新大陆的发现起了很大约作用。可以说我国是世界上最早利用地球磁性的国家，而哥伦布是在发现新大陆途中才发现磁偏角的，比我国晚了400多年。

司南和指南针为什么能指南北呢？人们对这一现象的认识曾经历了漫长的过程。有人曾经认为指南针是受到遥远的北极星的吸引才永远指向北极星的方向。

但后来发现悬挂的指南针越往北方移动时，指针北端越朝下倾斜，也就不再指北极星了。在北极附近，针北端指向地球的北极，而针南端指向北极星。随着自然知识的增长，人们渐渐明白了，原来我们居住的地球也是有磁性的。地磁北极吸引着磁针的南极，地磁南极吸引看磁针的北极。指南针上的磁针在地球磁性的作用下．具有指极性，而也就能够指向南北了。

不过，磁铁在自己周围所产生的磁场（具有磁力作用的空间）范围是很小的。而地球磁场范围，可以延伸到地球外面10万千米以上的高空。所以我

司 南

们说，地球是块“大磁铁”。

宇宙中的天体都普遍具有磁场。太阳的磁场强度是地球的几十倍。而有的恒星具有更强的磁场，强度为太阳的几万倍甚至上亿倍。像地球这样主要由固态物质组成的天体，磁场相对来讲比较弱。但在类地行星中，地球的磁场要算最强的了。

恒星和太阳都具有较强的磁场，我们比较容易理解，因为这些天体主要是由等离子体所组成，而等离子体都是带电的微粒。带电微粒的运动能形成电流，产生磁场。

但是地球高空 1 000 千米以上才有稀薄的等离子体，所以地球磁场的形成不同于太阳和恒星。

地磁场究竟是怎样形成的这个问题是近半个世纪才有了较明确的认识，而一些具体的问题依然没有彻底解决。了解人们怎样认识和尝试解决地磁场的成因问题的历程是非常有益的。

过去人们研究表明，地球磁场同一根长条形磁棒所造成的磁场十分相似。因此，关于地磁的成因，长期以来人们始终认为：地球中心可能就是一个由铁镍组成的巨大的磁棒。也就是说，地球磁场是由于地球内部有一巨大的永久磁体，由它产生地球的磁场。

但是后来发现任何永磁体在高温下都会失去永磁性，而地核的温度非常之高，是不会存在永磁体的。后来发现电流会产生磁场的电流磁效应，又有人用地球内部有强大电流来解释地磁场。但地球有电阻，这强大的电流是如何产生和维持的呢?

问题依然未解决。后来又有人试图采用地球内有电荷旋转产生电流，或者地球内部巨大压力产生压电效应，或者地球内部温度不均匀产生温差电效应，或者地球由于自转获得磁矩等等来说明地磁场的成因，结果都没有获得成功。

直到人们对地球内部物理状态有了深一步的了解和对地磁场观测结果的分

析大量积累时，又提出了磁流体发电机学说，经过多年的补充和改进，才获得较普遍的认识。这一学说的要点是：地球内部在地幔与地核之间存在着主要成分是铁的金属流体，由于地球自转、温度和浓度上的差异等原因，金属流体会产生流动。

当其切割磁力线时就会因电磁感应而产生电势和电流，感生电流产生的磁场如果与原来磁场方向相同，就会使磁场增强（称为正反馈），从而又使感生电流增大；另一方面，金属流体的电阻又会消耗能量，阻碍电流的增加。

在一定情况下，此发电机的磁场达到稳定平衡，这便是所观测到的地磁场。最初的微弱的磁场可以有地球内部成分差异的电池效应和温度差异的温差电效应产生。这个发电机模型还可解释其他一些天体和星际磁场的来源，但由于数学处理上的困难和对地球、其他天体内部情况了解还不充分，因此这个理论还需要进一步发展。总之，目前关于地磁场成因的问题，总轮廓比较清楚了，许多问题还需补充和解决。

我们相信，随着科学的进展，这些问题将会在不断的观测实验和理论探讨的深化过程中逐步得到解决。

地球是一个磁化了的球体，其有相当强烈的磁场。这表现为磁针在地球上受到磁力的作用，使磁针指向一定的方向，即磁力线的方向。

磁力线分布在地球周围。但磁力线的方向却因不同的地点而不同。在地面上有两个地点的磁力线是垂直的。在那里，磁针的方向垂直于地平面，这就是地磁两极，即地磁北极和地磁南极。习惯上人们把位于北半球的地磁南极叫北磁极（北半球磁极）；位于南半球的地磁北极叫南磁极（南半球磁极）。

地磁两极和地理两极是不重合的，而相距颇远。1975 年测得地磁南极位于北半球 76. 2°N，100. 6°W，在加拿大北部巴瑟斯特岛的西北，离地理上的北极约 1 600 千米；地磁北极位于南半球 65. 8°S，139. 4°E，在南极洲威尔克斯地东北，离地理上的南极 1 600 千米。地磁北极和地磁南极的连线叫磁轴。根据目前观测，地磁轴和地球自转轴相交 11. 5°。地球这种偶极磁场的磁力线成轴对称地布满在地球的周围。

说明地球磁场状况的物理量有磁场强度、地磁倾角和地磁偏角，统称地磁三要素。

磁场强度是指磁场的各点所受磁极作用力的强度，地球磁场的强度单位采用伽玛来表示，地球的平均磁场强度为 50 000 伽玛。

地磁倾角指南针的方向，也就是磁力线的方向与当地地平面常是不平行的，指南针对水平面是倾斜的，其所构成的俯角就是地磁倾角，叫做磁倾角。

地磁偏角是由于地磁两极和地理两极并不吻合，从而地磁轴和地球自转轴也不重合。因此，地磁场的磁力线和地理经线之间就有夹角，这个交角就是地磁偏角，叫做磁偏角。在习惯上，总是以地理经线为标准。当磁力线在地理经线以东时的偏角叫东偏角；当磁力线在地理经线以西时的磁偏角，叫西偏角。

地球磁场

在地磁三要素中，磁偏角是与我们关系最密切的一项要素。因为航海和航空在使用磁针测定方向时，罗盘上的磁针能指南北方向，但磁针指的不是地理上的南北方向，而是指的地磁南北，与我们所需要的地理南北方向有一个偏差，这个角度偏差就是磁偏角。

经过世界各地长期以来对地磁各要素的测量结果，人们发现地球磁场随时间有明显变化，而且变化颇为复杂。一般来说，地磁场的变化分为两种，即长期变化和短期变化。

长期变化是一种比较缓慢的变化，初步推断是一种周期性变化。变化周期有的长达几百至几千年。长期变化在地面各点是不一样的，但它们的增减步调却一致。

在地图上把年变率相同的地点连接起来，可以看出全球有几个年变率最大的长期变化中心，磁场强度每年都有较大的增减。地磁场强度大约每 1 年减少 5%，变化中心缓慢地向西移动，平均每年大约移动 0.2°，也就是说，西移的速度大约是每年 30 千米。这是一个重要的地磁现象，有人认为它起源于地球内部深处，很可能起源于地核界面，是地核相对于地幔滑动的结果。

磁倾角和磁偏角的长期变化也十分明显，根据某些地方熔岩的磁性测定结果，1 600 多年来，磁倾角变化幅度达 20°，磁偏角变化幅度超过 20°。据地磁学家分析，在 1922—1972 年的 50 年间，北磁极位置移动了纬度 2°，南磁极移动了纬度 4°25′。

另外有人推测，在未来的200年左右，将发生一件罕见的地理事件：那时的指南针准确地指向北方，因为地球的北磁极将与地理北极“会师”。当然，这个时刻是短暂的，会师后的北磁板会立刻同地理北极分道扬镳，继续沿着自己的特定路线移去。

指南针

现在的实验观测表明，地球的磁场正在衰减，如果以目前的速度衰减下去的话，大约在1 200年之后，指南针将失效。甚至在短时期内会出现“指向紊乱”现象；然后又会渐渐地（几十年或几百年）重新稳定下来，磁场强度也会由小变大，但此时的磁场方向不再是指南，而是指北了。

这就是说，原来的指南针变成了指北针。地球磁场的短期变化是地球外部因素引起的，例如太阳辐射、宇宙射线和大气电离层的变化等。表现为每日地磁要素的变化，分为平静变化和干扰变化两大类了。

平静变化经常出现，规律性强，又有确定的周期。一天之中，磁偏角变化约为几分，强度变化为几十伽玛。这种变化还随地理纬度和季节、时间的不同而有所不同。

人们普遍认为，地球磁场的这种变化是太阳微粒子辐射影响的结果。这种辐射使地球大气层中形成一个巨大的电离层。由于日照的昼夜变化，使电离层导电率随之发生变化，形成电流，电流感应磁场并造成地磁场的昼夜变化。

干扰变化，又称磁暴。它经常发生在北方，有时也可能波及全球。持续时间为几小时，有时长达一昼夜。磁暴出现时，磁场强度发生大幅度的跳跃式变化，变化幅度可达几千伽玛。磁针不停地摆动，罗盘无法测量。

磁暴常常引起自然灾害，如使电力线损坏，铁路通讯联系中断，大变电站发生事故，电缆绝缘被击穿等，尤其严重的是短波无线电通讯效果变坏，甚至无法进行，威胁着航海、航空及宇宙通讯的正常进行。

磁暴是太阳活动与地磁场相互作用所引起的一种复杂的地球物理效应。与太阳黑子周期相关，具有 11 年周期。在黑子相对数为极大值的年代里以出现急始性磁暴为主；在黑子相对数为极小的年份里以出现缓始性磁暴为主，急始性磁暴在整个磁暴总数中约占 75%。

伴随磁暴的发生，常常在高纬度地区出现极光。极光也是自然界中的一种奇迹，据说一次北极光的能量相当于美国一天所用的电力。

知识点

地球磁场

地球磁场近似于把一个磁铁棒放到地球中心，使它的北极大体上对着南极而产生的磁场形状，但并不与地理上的南北极重合，存在磁偏角。当然，地球中心并没有磁铁棒，而是通过电流在导电液体中流动的发电机效应产生磁场的。

地球磁场不是孤立的，它受到外界扰动的影响，宇宙飞船就已经探测到太阳风的存在。太阳风是从太阳日冕层向行星际空间抛射出的高温高速低密度的粒子流，主要成分是电离氢和电离氦。

因为太阳风是一种等离子体，所以它也有磁场，太阳风磁场对地球磁场施加作用，好像要把地球磁场从地球上吹走似的。尽管这样，地球磁场仍有效地阻止了太阳风长驱直入。在地球磁场的反抗下，太阳风绕过地球磁场，继续向前运动，于是形成了一个被太阳风包围的、彗星状的地球磁场区域，这就是磁层。

地球磁层位于距大气层顶 600 ~ 1 000 千米高处，磁层的外边界叫磁层顶，离地面 5 万 ~7 万千米。在太阳风的压缩下，地球磁力线向背着太阳一面的空间延伸得很远，形成一条长长的尾巴，称为磁尾。在磁赤道附近，有一个特殊的界面，在界面两边，磁力线突然改变方向，此界面称为中性片。中性片上的磁场强度微乎其微，厚度大约有 1 000 千米。中性片将磁尾部分成两部分：北面的磁力线向着地球，南面的磁力线离开地球。

1967 年发现，在中性片两侧约 10 个地球半径的范围里，充满了密度较大的等离子体，这一区域称作等离子体片。当太阳活动剧烈时，等离子片中的高能粒子增多，并且快速地沿磁力线向地球极区沉降，于是便出现了千姿百态、绚丽多彩的极光。由于太阳风以高速接近地球磁场的边缘，便形成了一个无碰撞的地球弓形激波的波阵面。波阵面与磁层顶之间的过渡区叫做磁鞘，厚度为 3 ~4 个地球半径。

延伸阅读

地球磁场变化规律

科学家们在对地磁场的研究中发现，地磁场是变化的，不仅强度不恒定，而且磁极也在发生变化，每隔一段时间就要发生一次磁极倒转现象。

早在 20 世纪初，法国科学家布律内就发现，70 万年前地磁场曾发生过倒转。1928 年，日本科学家松山基范也得出了同样的研究结果。第二次世界大战后，随着古地磁研究的迅速发展，人们获得了越来越多的地磁场倒转证据。如岩浆在冷却凝固成岩石时，会受到地磁场的磁化而保留着像磁铁一样的磁性，其磁场方向和成岩时的地磁场方向一致。科学家在研究中发现，有些岩石的磁场方向与现代地磁场方向相同，而有些岩石的磁场方向与现代地磁场方向正好相反。科学工作者通过陆上岩石和海底沉积物的磁力测定，及洋底磁异常条带的分析终于发现，在过去的 7 600 万年间，地球曾发生过 171 次磁极倒转。距今最近的一次发生在 70 万年前，正如布律内所指出的那样。

地球有着周期性变化

因为地球绕轴自转，恒星看起来是以很规则的方式穿过天空运行。每一颗星每天通过子午线，子午线是通过两极和头顶上一点的想象中的一个大圆。一天的长度可以用特殊的时钟（原子钟）精确地测定。

本初子午线

测量显出日长在0.001秒的量级上有微小的变化，这是因为构成地球的物质由于各种过程不断移动引起的。例如，地极的冰冠作季节性融化，使赤道附近的海平面上升几厘米，从而使地球自转变慢和日长延长。当旋转着的花样滑冰者张开他（或她）的双臂而减慢下来时，就是同样的效应。

这种减慢说明角动量守恒，这和自转物体例如陀螺，假如不施加阻力它将继续转动不停这类经常观察到的效应一样，而取了这样的一个名字。因为角动量是物体大小与自转速度的乘积，物体大小增加了，它的自转就会减慢，海平而上升。就是这种情况。因为冰冠融化依赖于每年的季节。这现象是周期性的，在一个长时期里平均应为零。

除了地球自转速率的周期性变化外，还有非常小但明显的演化性效应的证据——一直减慢下来决不复原，因而它不会平均到零。这已由日食观测所表明，日食是有规律的事件，发生的时间可以由地球和月球的轨道计算出来。

如果我们假定日长是常数。则可精确计算出在某个指定日食发生的时候，地球自转运动进行到什么程度，即使两千年前发生的也可以算。当然，地球的自转位置只由一天的时间给出；在某些情况里，古代日食观测者精确地记载下这些时间。天文学家发现古人所记录下来的时刻，要比根据日长为常数所预计的时间约早3小时。

最简单的解释是地球自转正在减慢，所以过去2 000年来地球自转的平均速率比现在的速度要大些。为了解释3小时的累积效应，我们必须假定在每一世纪当中日长增加0.001 6秒。

如果我们把这个减慢数字应用到很长的时间跨度上，比如回到地质学家测定约为3.5亿年以前的泥盆纪，则一天的长度可能只有22.45小时；因此每年应有更多的天数，它等于24除以22.45即1.07。每年超出7%，总数为每年多24天；因此我们预料泥盆纪的一年必定为389天左右。

科学家用在巴哈马群岛找到的鹿角珊瑚的生长环检验了这个预计。他们发现现代珊瑚每年约生长360个环，而在泥盆纪珊瑚化石中这样的环约400个。如果像研究人员所认为的那样每个环相当于一天的生长，这可能证明泥盆纪的一天比现在的一天短少粗略地预计的那个数量。

潮 汐

地球自转减慢下来的原因被认为是由于潮汐摩擦所引起的。当潮汐的隆起部分围绕地球滚动时它与海底和陆地的摩擦阻止着潮汐流。摩擦力施加在地球上，减低地球的自转速率。因为摩擦生热，它最后作为辐射散失到空间中，所述能量永远消失掉，它不能回到原处复原成地球的自转运动。因此潮汐摩擦是不可逆现象的例子是一个演化现象。附带的一个效应是月球得到了地球失去的角动量，这时它缓慢地离开地球。

到现在为止我们处理了两种不同类型的变化：周期的和演化的。许多自然现象是周期性的。海洋、昼夜、潮汐和天气图形都是自然界中周期性的现象，它们至少是以大约可以预计的方式一再重复。

另一些现象，比如太阳辐射连续不断地衰变成红外辐射以及地球自转的减慢下来，不是周期的而是演化性的，其性质是自然界明显地正在演变成为一个完全新的不同状态。在地球自转因潮汐而减慢的情况下我们看到，这个减慢的估计值和根据2 000多年的日食测量以及3.5亿年的珊瑚测量所得到的结果近于相同。

这个事实意味着潮汐减慢是演化的而不是周期性的；这个效应是长时期时间上的积累而不是周期性地自身重复。因为这一机制涉及摩擦，它基本上是一条单行道，当地球的自转能消耗掉，变成热因而最后成为红外辐射时，没有办法将能量又转变回到自转能。这就需要引起注意一件事，即太空可以无止境地吸收辐射而来的能量，却从来也不送回去。

宇宙的这个性质对于演化的发生似乎是需要的。关于生物，我们知道生命需要源源不断的能来维持它。特别是植物，它要吸收阳光并发出红外辐射来排除它多余的热，红外辐射最后散失在太空深处。如果宇宙像吸收红外线一样也辐射红外线，则天空在光谱的红外波段是明亮的，这将使植物没有办法排除多余的热，能流不久将停止从而所有生物将会死亡。

知识点

珊　瑚

珊瑚虫是一种海生圆筒状腔肠动物，在白色幼虫阶段便自动固定在先辈珊瑚的石灰质遗骨堆上，珊瑚是珊瑚虫分泌出的外壳，珊瑚的化学成分主要为 $CaCO_3$，以微晶方解石集合体形式存在，成分中还有一定数量的有机质，形态多呈树枝状，上面有纵条纹，每个单体珊瑚横断面有同心圆状和放射状条纹，颜色常呈白色，也有少量蓝色和黑色，珊瑚不仅形象像树枝，颜色鲜艳美丽，可以做装饰品，并且还有很高的药用价值。

延伸阅读

地球轨道面和黄赤交角

地球在其公转轨道上的每一点都在相同的平面上，这个平面就是地球轨道面。地球轨道面在天球上表现为黄道面，同太阳周年视运动路线所在的平面在同一个平面上。

地球的自转和公转是同时进行的，在天球上，自转表现为天轴和天赤道，公转表现为黄轴和黄道。天赤道在一个平面上，黄道在另外一个平面上，这两个同心的大圆所在的平面构成一个23°26′的夹角，这个夹角叫做黄赤交角。

黄赤交角的存在，实际上意味着，地球在绕太阳公转过程中，自转轴对地球轨道面是倾斜的。由于地轴与天赤道平面是垂直的，地轴与地球轨道面交角应是23°26′，即66°34′。地球无论公转到什么位置，这个倾角是保持不变的。

在地球公转的过程中，地轴的空间指向在相当长的时期内是没有明显改变的。目前北极指向小熊星座α星，即北极星附近，这就是天北极的位置。也就是说，地球在公转过程中地轴是平行地移动的，所以无论地球公转到什么位置，地轴与地球轨道面的夹角是不变的，黄赤交角是不变的。

黄赤交角的存在，也表明黄极与天极的偏离，即黄北极（或黄南极）与天北极（或天南极）在天球上偏离23°26′。

我们所见到的地球仪，自转轴多数呈倾斜状态，它与桌面（代表地球轨道面）成66°34′的倾斜角度，而地球仪的赤道面与桌面成23°26′的交角，这就是黄赤交角的直观体现。

太阳的温度有多高

雄伟壮观的太阳是一个大火球。同地面上的火相比，太阳上的火才称得上真正的大火。地球上燃烧数百吨干柴时，浓烟滚滚，烈焰腾腾，火舌乱舔，劈劈啪啪的爆裂声中，一堆干柴化为灰烬，其火势可谓大矣！

然而，这样的火远远没有原子弹和氢弹爆炸时的火势大。原子弹和氢弹爆炸时，轰隆隆一阵巨响之后，半空中腾起一股巨大的蘑菇云。火光闪闪，数十千米之外都能看见。至于它的热辐射更有摧枯拉朽的威力，所到之处，一切东西都将焚烧，其势不比干柴燃烧大得多吗？

然而，原子弹和氢弹爆炸的火同太阳上的火相比，又是相形见绌了。太阳表面的温度是5 700℃，内部的温度还更高，据理论推算，太阳内部高到1 500万℃～2 000万℃。试想地球上哪里找得到这样高的温度？

炎热的夏天，人们汗流浃背，闷热难熬，那时的温度不超过40℃。炼钢炉内的温度高到能把钢铁熔化成“水”，然而这个温度只有1 000多度。地面上最难熔的金属是钨，所以电灯泡里用钨丝作灯丝。

我们知道，电灯泡里通上电流，灯丝就发出明亮的光，而电流一断，灯丝就恢复原状。然而钨若放到太阳表面上，它就不能像在地球上这样安然无恙

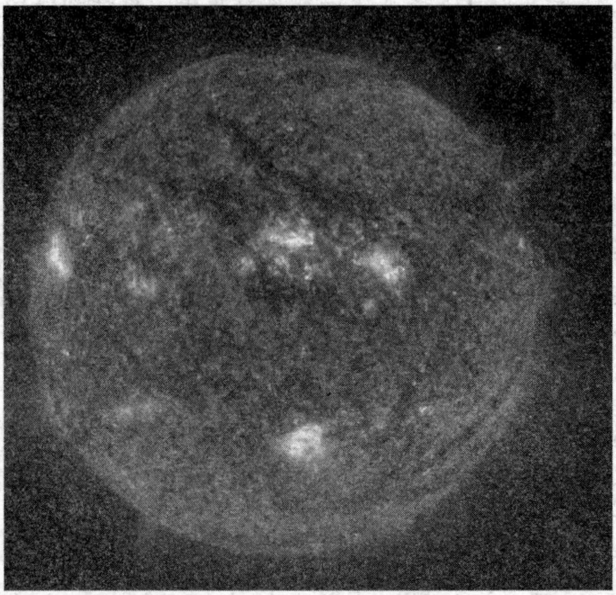

太　阳

了，到了太阳上，最难熔化的钨也要化成蒸气。

在18世纪的时候，化学家们都拿金刚钻没办法，因为它太顽固了，什么也不怕，连用火烧都烧不毁它。当时把它当作一种特殊的物质。

一位贵妇人知道金刚钻的特性后，觉得很奇怪，便慷慨解囊，拿出几颗金刚钻和红宝石送给化学家们作实验。

化学家们把这些珍贵礼物小心翼翼地放在一只耐高温的坩埚里，把口密封好，搁在熔炉里用火烧。熔炉烧到铁和玻璃熔化的温度后，又继续对盛金刚钻和红宝石的坩埚燃烧了24小时。之后，拿出来一看，红宝石还好好地保留在里面，而金刚钻却不见了。化学家为此很伤心，因为价格昂贵的金刚钻白白地消失了，什么结果也没得到。

这次实验失败在于没有及时观察金刚钻的熔化过程。吸取了教训，化学家们改进了实验方案，他们请磨镜师替他们磨了一只30厘米的放大镜用来聚集太阳光熔化比熔炉里高得多，否则在熔炉里不能溶化的红宝石怎么会烧毁了呢？

后来，俄国天文学家维·康·柴拉斯基重新做了上面的实验，不过他不是用大镜来聚集阳光，而是用一块直径1米的凹面镜，把它对准太阳后，在凹面镜的焦点上便出现了一个小分币大小的太阳像。他把一根白金丝伸进太阳光束几种的太阳像里，白金丝立刻弯曲起来，像蜡做的一样融化了。

由此可知，太阳光束里的温度肯定比白金熔化的温度高。白金熔化的温度是1 770℃，因此太阳表面温度在1 770℃以上。后来柴拉斯基又测出太阳像里的使白金熔化的温度是3 500℃，因此当时推测，太阳表面温度在3 500℃以上。

现在知道，太阳表面温度是5 700℃。这个温度不是用放大镜或凹面镜聚集阳光测出来的，而是用一种叫做光谱分析的方法测量出来的。

太阳上不仅火很大，温度很高，光线也很强的。有一位科学家想亲眼看一看太阳表面的情况，冒险对它看了一眼。这一眼造成了终身遗憾！科学家的眼睛被强烈的阳光烧坏了。看了太阳一眼，瞎了一辈子。

物理学家描述发光体发出光线的强和弱，通常用物理量——发光强度来表示，它的单位是坎德拉。1 坎德拉大体上相当于点燃 1 支标准蜡烛时所发出的光。

钢　水

把太阳光和已知的标准光源进行比较，得到太阳在天顶时照在地面上的阳光要比1 米远处同时点燃 10 万支标准蜡烛还亮。我们有这样的体会：从炼钢炉里出来的钢水散发的热气是非常强的，离它不远的人，身上的衣服都会烤焦，所以炼钢工人都穿着厚厚的防温隔热的工作服。离钢水远一点，热气就少一点。离得再远一点，热气就再少一点。离钢水越远，热气就越少。

一般说来，热气的强弱同到钢水的距离平方成反比。太阳光也是一样。根据太阳的发光能力和太阳到地球的距离，计算出到达地球大气层外面的太阳光是3 000 亿亿亿坎德拉。由于地球大气的吸收等作用，到达地面的阳光大约是2 500 亿亿亿坎德拉。

由地球大气层外面接收的太阳热量反推到太阳上，整个太阳每秒钟发射的热量是37 亿亿亿焦耳。假如在太阳和地球之间架一座直径 3 千米的冰柱桥。这可是巍峨壮观的巨大建筑物。但是，这样的建筑物，太阳在1 秒钟内放出的热量就可以把它溶成水。现在大家知道太阳到底有多热了吧！

知识点

原子弹

原子弹是核武器之一，是利用核反应的光热辐射、冲击波和感生放射性造成杀伤和破坏作用，以及造成大面积放射性污染，阻止对方军事行动以达到战略目的的大规模杀伤力武器。主要包括裂变武器（第一代核武，通常称为原子弹）和聚变武器（亦称为氢弹，分为两级及三级式）。亦有些还在武器内部放入具有感生放射的轻元素，以增大辐射强度扩大污染，或加强中子放射以杀伤人员（如中子弹）。

延伸阅读

米粒组织

米粒组织是太阳光球层上的一种日面结构。呈多角形小颗粒形状，得用天文望远镜才能观测到。米粒组织的温度比米粒间区域的温度约高300℃，因此，显得比较明亮易见。虽说它们是小颗粒，实际的直径也有1 000～2 000千米。

明亮的米粒组织很可能是从对流层上升到光球的热气团，不随时间变化且均匀分布，且呈现激烈的起伏运动。米粒组织上升到一定的高度时，很快就会变冷，并马上沿着上升热气流之间的空隙处下降；寿命也非常短暂，来去匆匆，从产生到消失，几乎比地球大气层中的云消烟散还要快，平均寿命只有几分钟，此外，近年来发现的超米粒组织，其尺度达3万千米左右，寿命约为20小时。

有趣的是，在老的米粒组织消逝的同时，新的米粒组织又在原来位置上很快地出现，这种连续现象就像我们日常所见到的沸腾米粥上不断地上下翻腾的热气泡。

太阳还能燃烧多长时间

对于我们地球人来说，宇宙中没有哪个天体能像太阳那样与我们如此亲近。尽管太阳发出的光和热中只有二十二亿分之一到达地球，但也足以使地球成为现在这样一个生机勃勃的世界了。

在19世纪末期，地质学家在南非的特蓝斯瓦尔的地层中，发现其中的硅化岩中存在与今天的蓝藻有相同复杂结构的单细胞组织，这证明了地球上早在35亿年前就有生命存在了。这就是说，太阳照耀地球已有几十亿年了。

太阳连续发光几十亿年，它这种神奇而又似乎永不枯竭的能源是什么呢？

对于太阳能量来源之谜，直到1938年，美国科学家贝特才初步解开。贝特认为，太阳能源来自太阳内部的热核聚变。太阳中心的温度高达1 500万℃，压力也十分巨大。在这种高温、高压条件下，物质的原子结构自然会被破坏，结果发生每4个氢原子核聚合成1个氦原子核的物理过程，与此同时释放出巨大的能量。

这个过程在物理学上称为热核聚变。热核聚变反应比化学燃烧释放的能量要大100万倍以上！热核反应放出的能量究竟有多大呢？简单点说，1克重的氢变成氦时，放出来的能量等于燃烧15吨汽油的能量！1千克重的氢的能量，抵得上数百列火车的煤！作为核武器之一的氢弹比原子弹的威力还要大得多，氢弹爆炸时发生的就是这种热核聚变反应。

星　云

太阳辐射就是在氢聚变成氦的过程中产生的。在每一秒钟里，就有630 000 000吨氢聚变成625 400 000吨氦。从太阳每秒钟消耗的氢的数量来看，它似乎不会维持很久。但事实并非如此。这是由于太阳有着巨大质量的缘故。

太阳的质量为2 200亿亿亿吨。这巨大的质量中，大约有53%是氢。这就是说，太阳目前约含有1 160亿亿亿吨氢。

除了氢之外，太阳质量的其余部分几乎全都是氦。氦比氢更致密些。在相同的条件下，氦原子的质量是同量氢原子质量的4倍。有人计算过，如果换算成体积，太阳大约有80%是氢。

天文学家推算，大约在五六十亿年前，太阳在银河系诞生，一团主要由原始氢构成的星云不断旋转，形成了一个漩涡，由于引力的影响，所有的气体都向云的中心聚集，于是产生了高压和高温，将太阳原子核"炉火"点燃。

从此，这个巨大的核子炉便开始沸腾至今。太阳现在正处于壮年时期，预计现在太阳上的氢，继续这样"燃烧"下去，大约至少还能"燃烧"四五十亿年的时间。

到那时候，太阳上几乎全部的氢都燃烧掉了，变成了氦。那时的太阳将变得"虚胖"，即它的物质密度变低，体积开始膨胀，一直膨胀到地球公转的轨道外面。

我们知道，离太阳最近的行星是水星，第二个是金星，接着就是地球、火星，到那时的太阳会把水星、金星、地球，还有火星，都一个个地吞没。那时的太阳颜色发红，虽然其表面的温度会比现在低，但是它却可以把地球上的海水蒸发干净。

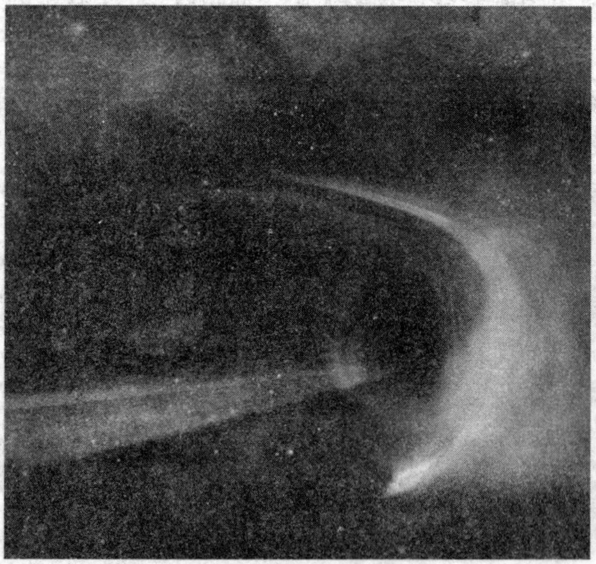

黑　洞

天文学家给这种又大又红的恒星起了个名字，叫红巨星。据天文学家估计，太阳演化成红巨星之后，再过几亿年即将衰亡，成为一颗体积很小、密度很大、发光微弱的天体，叫做"白矮星”。再往后，太阳可能会演变成一个体积比白矮星还要小许多，而且不发出任何光线的天体——“黑洞”。

当然，我们不必为50亿年后地球是否毁灭而惊慌。也许到那时，人类早已到达别的星球上重建家园了。按照现代世界上科学技术发展的速度来看，人类将具备这种能力。

知识点

黑 洞

黑洞是一种引力极强的天体，就连光也不能逃脱。当恒星的史瓦西半径小到一定程度时，就连垂直表面发射的光都无法逃逸了。这时恒星就变成了黑洞。说它“黑”，是指它就像宇宙中的无底洞，任何物质一旦掉进去，“似乎”就再不能逃出。由于黑洞中的光无法逃逸，所以我们无法直接观测到黑洞。然而，可以通过测量它对周围天体的作用和影响来间接观测或推测到它的存在。黑洞引申义为无法摆脱的境遇。2011 年 12 月，天文学家首次观测到黑洞“捕捉”星云的过程。

延伸阅读

太阳风

太阳风是一种连续存在，来自太阳并以每秒 200～800 千米的速度运动的等离子体流。这种物质虽然与地球上的空气不同，不是由气体的分子组成，而是由更简单的比原子还小一个层次的基本粒子——质子和电子等组成，但它们流动时所产生的效应与空气流动十分相似，所以称它为太阳风。当然，太阳风的密度与地球上的风的密度相比，是非常非常稀薄而微不足道的，一般情况下，在地球附近的行星际空间中，每立方厘米有几个到几十个粒子。而地球上风的密度则为每立方厘米有2 687亿亿个分子。太阳风虽然十分稀薄，但它刮起来的猛烈劲，却远远胜过地球上的风。在地球上，12级台风的风速是每秒32.5米以上，而太阳风的风速，在地球附近却经常保持在每秒350～450千米，是地球风速的上万倍，最猛烈时可达每秒800千米以上。太阳风从太阳大气最外层的日冕，向空间持续抛射出来的物质粒子流。这种粒子流是从冕洞中喷射出来的，其主要成分是氢粒子和氦粒子。太阳风有两种：一种持续不断地辐射出来，速度较小，粒子含量也较少，被称为“持续太阳风”；另一种是在太阳活动时辐射出来，速度较大，粒子含量也较多，这种太阳风被称为“扰动太阳风”。扰动太阳风对地球的影响很大，当它抵达地球时，往往引起很大的磁暴与强烈的极光，同时也产生电离层扰动。太阳风的存在，给我们研究太阳以及太阳与地球的关系提供了方便。

太阳的形状

1859年，法国天文学家勒威耶在计算水星轨道时，发现水星轨道近日点在空间不是固定的，这一现象叫做水星轨道近日点进动。勒威耶当时认为，这一现象可能是水星受到太阳和其他大行星的吸引造成的。于是他把太阳和其他大行星的吸引一一加进去进行计算。

可是费了很长时间，太阳和各大行星可能的吸引都加进去了，计算出来的近日点进动值仍然比观测到的数值小。这个问题引起许多科学家的注意，他们纷纷从自己的研究领域寻找解答，但都没有得到满意的答案。

1916年，世界著名的现代物理学家爱因斯坦提出了广义相对论理论。根据这个理论，所有行星近日点都应当有进动，其中以水星的进动值最大。

详细计算表明，广义相对论给出的水星轨道近日点进动值和实际测量的数值几乎完全相同。于是人们欢呼雀跃，认为水星轨道近日点进动问题解决了，有的人还提出，水星轨道近日点进动问题“是天文学对广义相对论的最有力的验证之一”。

谁知半路上杀出了程咬金。正当人们喜滋滋地庆贺水星轨道近日点进动问题解决了的时候，美国物理学家迪克在20世纪60年代提出一个新理论，来解释水星轨道近日点进动问题。

水　星

这个理论称为标量—张量理论。根据这个理论，太阳自转与小朋友玩的陀螺转动不同。小朋友玩陀螺时，鞭子一抽，陀螺便嗡嗡地转动起来。仔细观察，陀螺上各点的转动速度是不一样的，中间鼓出的部分，转动速度最快。两端尖尖的部分，转动速度几乎为零。

换句话说，陀螺转动时，离旋转轴越近，旋转速度越小；离旋转轴越远，旋转速度越大。而迪克理论认为，太阳是气体，它的自转速度正好和陀螺相反，离旋转轴越近，旋转速度越快。太阳内部的旋转速度约比它表面快 20 倍。

这种反常的自转，会对水星轨道位置产生一定影响，因而造成了水星轨道近日点进动。仔细计算发现，只要参数选取得合适，它对水星轨道近日点进动的影响也和观测值相符。

两种理论都能解释水星轨道近日点进动，谁对谁错呢？理论上的矛盾一般由实验来评判。天文学的实验就是观测。

标量—张量理论的立足点是太阳内部的旋转速度比它表面快 20 倍左右。这个问题得到证实，问题就解决了。另一方面，这个问题又涉及到太阳的形状。如果迪克理论成立，太阳就不是一个标准的圆球，而有 4.5/100 000 的扁率。

为了验证自己的理论，迪克和他的同事们设法测量太阳的扁率。他们设计了一架专用的望远镜，对太阳进行了初步测量。1967 年公布了测量结果，观测值正好和迪克理论所要求的数值相符。

这个结果一公布，立刻掀起一场轩然大波。迪克理论支持者们高兴得手舞足蹈，他们庆幸标量—张量理论的胜利，欢呼广义相对论的失败。

情况真是这样吗？一些科学家冷静地思索之后，对迪克等人的测量产生了疑问。因为这项测量实在太困难了，地球大气稍微有一点湍动，就会使测量结果出现很大误差。

因此，另一位美国科学家希尔重新组织人力，制造仪器，精心选择观测地址，认真地进行观测。在1973年，他们又公布了一批观测结果：太阳的扁率不到1/1 000 000。

显然，这个数字比迪克等人预计的小得多。于是迪克理论又败下阵来，广义相对论又转败为胜。

关于广义相对论和标量—张量理论谁胜谁负，我们且不去议论它。有趣的是，这场争论引出一个副产品：太阳至少有百万分之一的扁率。

这就是说，太阳不是一个标准的圆球，而是一个赤道部分隆起、两极部分凹下的扁球体。这个扁球体的赤道半径比极半径大6.5千米。这6.5千米之差，对如此庞大的太阳来说，当然是微不足道的，但它的存在说明，太阳也像我们地球一样，不是标准的球体。

知识点

近日点

各个星体绕太阳公转的轨道大致是一个椭圆，它的长直径和短直径相差不大，可近似为正圆。太阳就在这个椭圆的一个焦点上，而焦点是不在椭圆中心的，因此星体离太阳的距离，就有时会近一点，有时会远一点。离太阳最近的时候，这一点位置叫做近日点。

延伸阅读

太阳活动

太阳看起来很平静，实际上无时无刻不在发生剧烈的活动。太阳由里向外分别为太阳核反应区、太阳对流层、太阳大气层。其中心区不停地进行热核反应，所产生的能量以辐射方式向宇宙空间发射。其中二十二亿分之一的能量辐射到地球，成为地球上光和热的主要来源。太阳表面和大气层中的活动现象，诸如太阳黑子、耀斑和日冕物质喷发（日珥）等，会使太阳风大大增强，造成许多地球物理现象——例如极光增多、大气电离层和地磁的变化。太阳活动和太阳风的增强还会严重干扰地球上无线电通讯及航天设备的正常工作，使卫星上的精密电子仪器遭受损害，地面通讯网络、电力控制网络发生混乱，甚至可能对航天飞机和空间站中宇航员的生命构成威胁。因此，监测太阳活动和太阳风的强度，适时作出“空间气象”预报，越来越显得重要。

太阳光球和黑子

地球是太阳系中的一个美丽的绿洲，树木葱茏，鲜花盛开，香飘四野，馥郁芬芳。鸟在空中飞，鱼在水底游，人在地面走，到处是生气勃勃的生命活动。

地球上生命活动的能量来自什么地方呢？大部分人都知道答案是太阳。

那么，太阳上的能量怎么传到地面来呢？大部分人也知道这个问题的答案，它是由太阳光传输。没有太阳光源源不断地输送能量，地面的一切生命活动都不能存在。

如果我们打破砂锅问到底，再问一句：太阳光从哪里发出来的呢？恐怕知道这个问题答案的人就不多了。

在太阳大气层里，有个叫光球的地方，位于对流层的外面，是太阳大气的最低层，厚度大约 500 千米，压力不到 1/10 000 百帕，几亿亿立方厘米的物质质量才有 1 克。这便是太阳光发出的地方。我们平时看到的圆圆的日面，就是这个区域。

光球是太阳的一扇敞开的大门，输送能量的太阳光就是从这里发出的。当然，太阳上发射光线的地方，不仅仅在光球一层，其他层次也有。但是，光球物质对光线的吸收和散射相当强烈，以致稀薄的光球大气能够像地球大气中浓雾那样，把太阳内部发射的光线深深挡住。所以，只有光球发射的光线才能向宇宙空间发射。

光球是璀璨晶莹的，但这璀灿晶莹的光球不是洁白无瑕的，在这里有许多

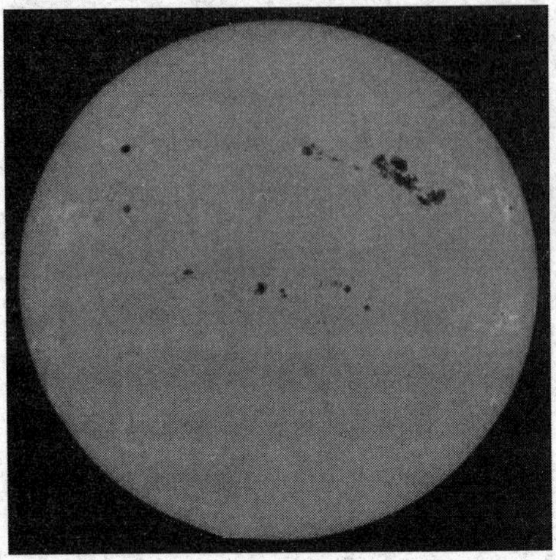

太阳黑子

结构，例如临边昏暗、米粒组织、光斑和黑子等等。

仔细观察，光球上的亮度是不均匀的，最明显的特征是太阳边缘比日面中心暗。这就是临边昏暗。这是光球各部分温度分布不均匀造成的。日面中心的光来自光球较深层次，这里温度较高，所以辐射明亮；日面边缘的光来自光球较浅层次，这里温度较低，所以辐射较暗。测量表明，光球的温度同它里面的高度有关，在光球上层，温度是4 500℃，愈往下愈高，到光球底部，温度上升到5 700℃。平常所说的太阳表面温度，就是光球底部的温度。

光球中的临边昏暗、米粒组织、光斑和黑子等在科学家的研究当中，要数对黑子的研究时间最长了。早在古代社会，我国的科学家就对太阳黑子进行了记录。

但是，肉眼观测太阳黑子受到很大限制，一般只能在特殊的天气条件下，即日光减弱很多时才能观测，否则，强烈的日光会把观测者眼睛灼坏的！

科学地观测太阳黑子是从伽利略开始的。伽利略是用望远镜观测的。伽利略最先用望远镜观测星空，但他不是望远镜的发明人。望远镜是一个小孩在玩耍中无意发现的。

荷兰有个名叫坚黎伯希的磨镜师，带了一个徒弟。一天，坚黎伯希外出有事，徒弟在家没有事做，感到无聊，就拿几块镜片一前一后地摆着玩。当他顺着镜片重叠的方向望去时，惊呆了！原来，他在镜片里看到一只毛茸茸的凸眼睛怪物，挥动着前爪向他爬过来。他吓得把镜片扔掉了。

扔掉镜片，怪物又不见了。镇定下来后，再向镜片重叠的方向望去，原来，怪物是一只在窗户上爬行的大苍蝇。小学徒又拿起镜片望窗户，这下他没有看到苍蝇，而看到远方钟楼一下子跑到跟前来了。他放下镜片，钟楼又回到原来的地方。

坚黎伯希回来后，小学徒把看到的一切绘声绘色地描述了一番。坚黎伯希再试验，也看到了同样的现象。后来，坚黎伯希做了一根长管子，把镜片安装在管子两端，用来看远处东西，东西也变近了。于是他制了几百架这样的管子，卖给有钱的人，取名为光管。光管很快传遍了欧洲。

伽利略

伽利略从他学生那里知道光管后，便由光管构思出天文望远镜。伽利略的望远镜是世界上第一架望远镜，至今还保存在意大利佛罗伦萨博物馆中。

伽利略用一块黑色玻璃放在望远镜后面，观察太阳时，洁白晶莹的日面上顿时显出一些黑色斑点。这使他感到莫大的迷惑与惊讶。当时，教会在欧洲占据统治地位。按照教会的教义，太阳是一个光洁无瑕的白玉盘。这完美无缺的太阳上怎么会有黑点呢？

当时有个笑话：一个名叫希纳尔的人也用望远镜看到了太阳上的黑斑。他见此情景，不可思议，十分惊骇，急忙去报告神父。谁知那位无知而又自命不凡的神父没等希纳尔说完，就不耐烦地打断他的话说："去吧，孩子，放心好了。这一定是你的玻璃或者你的眼睛上有缺陷，使你错把它当成太阳上的黑点了。"在这样情况下，伽利略对自己的发现十分谨慎。

伽利略继续观测了数日，事实证明，日面上确实存在黑子，而且每天在日面上从东到西移动，大约 14 天穿过整个日面。

1612 年，伽利略公布了自己的发现。他在给佛罗伦萨大公科西莫二世的报告中说："反复的观测最后使我相信，这些黑子是日面上的东西，它们在那里不断地产生，也在那里瓦解，时间有长有短。由于太阳大约 1 个月自转一周，它们也被太阳带着转动。黑子本身固然很重要，而其意义则更深远。"

现在，科学家们已经知道，太阳黑子是光球上局部区域里的炽热气体再造运动中所形成的巨大漩涡。黑子并不真正是黑色的，一个大黑子的辐射比十五的月亮还要强烈。因为它在运动中把一些能量消耗掉了，所以同光球背景相比，它的温度低一些，因而显得黑一些。

黑子有大有小，小黑子直径几千千米，存在几天时间。大黑子直径可达10万千米，寿命可达1年以上。一个充分发展的黑子，由较暗的核和周围较亮的区域组成，中间较暗的核叫本影，周围较亮的区域叫做半影。

黑子大多数是成群出现的，有时才偶尔见到单个黑子。复杂的黑子群由大小不等的几十个黑子组成。小黑子分布在大黑子周围。一群黑子中往往有两个主要黑子，偏西的一个叫前导黑子，偏东的一个叫后随黑子。

黑子群的发展过程大体是：最初出现1～2个雏形黑子，它们叫做小孔。几天以后，面积扩大，出现半影、本影，出现前导黑子和后随黑子。然后面积再增大，距离边缘，出现许多小黑子，形成一个羽翼丰满的庞大黑子群。最后，黑子逐渐衰落，半影消失，本影缩小，留下一些残剩的磁场。

知识点

伽利略

伽利略（1564—1642）意大利物理学家、天文学家和哲学家，近代实验科学的先驱者。其成就包括改进望远镜和其所带来的天文观测，以及支持哥白尼的日心说。当时，人们争相传颂："哥伦布发现了新大陆，伽利略发现了新宇宙"。今天，史蒂芬·霍金说，"自然科学的诞生要归功于伽利略，他这方面的功劳大概无人能及。"

延伸阅读

光斑

太阳光球层上比周围更明亮的斑状组织。用天文望远镜对它观测时，常常可以发现：在光球层的表面有的明亮有的深暗。这种明暗斑点是由于这里的温度高低不同而形成的，比较深暗的斑点叫做“太阳黑子”，比较明亮的斑点叫做“光斑”。光斑常在太阳表面的边缘“表演”，却很少在太阳表面的中心区露面。因为太阳表面中心区的辐射属于光球层的较深气层，而边缘的光主要来源光球层较高部位，所以，光斑比太阳表面高些，可以算得上是光球层上的“高原”。光斑也是太阳上一种强烈风暴，天文学家把它戏称为“高原风暴”。不过，与乌云翻滚，大雨滂沱，狂风卷地百草折的地面风暴相比，“高原风暴”的性格要温和得多。光斑的亮度只比宁静光球层略强一些，一般只大10%；温度比宁静光球层高300℃。许多光斑与太阳黑子还结下不解之缘，常常环绕在太阳黑子周围“表演”。少部分光斑与太阳黑子无关，活跃在70°高纬区域，面积比较小，光斑平均寿命约为15天，较大的光斑寿命可达3个月。光斑不仅出现在光球层上，色球层上也有它活动的场所。当它在色球层上“表演”时，活动的位置与在光球层上露面时大致吻合。不过，出现在色球层上的不叫“光斑”，而叫“谱斑”。实际上，光斑与谱斑是同一个整体，只是因为它们的“住所”高度不同而已，这就好比是一幢楼房，光斑住在楼下，谱斑住在楼上。

太阳色球上的火焰

在茫茫草原上，点起一堆堆篝火，远远望去，一块亮，一块暗，星星点点，斑斑驳驳的；走近一看，无数火苗在迎风摇曳，闪动，舔着它周围的枯草、干柴。

这样的景况也出现在太阳上。1980年2月16日的日全食时，我国科学家就看到了色球上的许多小火苗。在月轮完全遮住日面期间，月轮周围现出的火苗的确和草原上的篝火差不多，火焰中还喷射出明亮的细高火柱，像灌木一样散布在色球上。

色球是光球外面的太阳大气，厚度各处不同，平均厚2 000千米，温度同高度有关。按照温度可分为3层：低色球层，厚度大约400千米，温度由光球顶部的4 500℃上升到5 500℃；中色球层，厚度大约1 200千米，温度随高度缓慢上升，在其顶部达到8 000℃；高色球层，厚度大约400千米，温度随高度急剧上升到几万摄氏度。

色球的主要成分是氢离子、氦离子和钙离子。氢离子是红色的，所以它呈玫瑰红色。色球的名字就是由它的颜色而来的。通过色球望远镜观测色球，这里好像一片红色的海洋，给人以美丽、神奇而壮观的感觉。在太阳宁静的时候观察，望远镜视场里是“风平浪静”的，红色海洋上微波不兴。

在太阳活动的时候，望远镜视场里“篝火”点点，火苗乱摇乱窜，不仅视场中央有，边缘也有，而且边缘的火舌窜得很高，所以，人们把太阳色球叫做燃烧的“草原”。这个燃烧的草原是丰富多彩的太阳活动舞台。

在色球上窜起的火苗是什么呢？太阳主演的日食电影对人们认识这些火苗起到了至关重要的作用。

1842 年 7 月 2 日，俄国境内发生了一次日全食，吸引了许多人。当日轮被月亮遮住的时候，月亮的四周出现一圈柔和的光芒，并向四周放射很远，活像一只只展翅飞翔的大蝴蝶落在月亮后面。在这些“大蝴蝶”之间，月亮边缘上露出 3 个晶莹闪亮的“山峰”。这个奇景把所有的目击者都吸引住了：天文学家忘记了自己的观测计划，天文爱好者忘记了自己是在“看天”。

这一奇景是什么？以前出没出现过？天文学家感到迷惑了。他们翻阅以前的观测记录，查阅编年史书。啊，明白了，这不是新的现象，以前的人在发生日全食时也曾见到过。科学家找到了关于珍珠色亮冠的记载，史学家提到过日食时出现的太阳火舌。它在我们中国的史书里早有记载，在公元前 14 世纪的殷代就有明确的记录了。

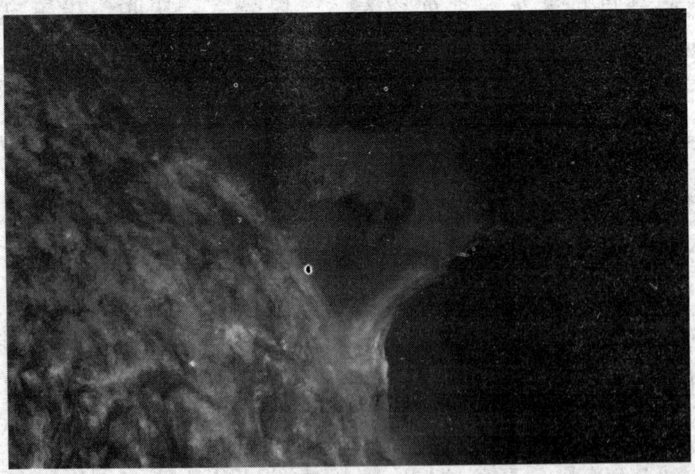
日　珥

关于这粉红色景物，曾经提出 3 种解释，大多数科学家认为它来源于太阳，是太阳“外壳”的一部分，平时隐没在阳光里，看不见，只有在日全食时，月亮将强烈的阳光遮住了，才能显露出来。有些科学家不同意这种看法，他们肯定地说：

“它们是月亮上的，太阳光把它照亮了，才看到它。”也有人认为，它们不是实实在在的物体，是幻觉，是根本就不存在的虚无缥缈的东西。

到底是什么？照片作出了公正的回答。1860 年 7 月 18 日在西班牙发生了一次日食，两位天文学家对它进行了观测。一位带着照相机在地中海畔观测，另一位在西班牙内地。两地相距 400 千米，他们都拍到了很好的照片。底片冲洗出来一看，月亮后面清清楚楚地露出一圈火舌，而且两地的照片上面的火舌是一模一样的。相距 400 千米的两地拍到同样的照片，说明这个粉红色的景物决不是虚无缥缈的幻觉。

后来，天文学家进一步证明，它们是太阳色球上的，是从色球向外喷出的“火焰喷泉”，现代天文学上叫做日珥。

日珥是从色球层喷射出来的火红的物质，温度高达 500 万～800 万℃。喷出物上升的高度一般在几万千米，个别大的可达到 150 万千米。迅速隆起的日珥物质在高空中停止上升以后，伸展开来，成为宽阔的浮云，形状千姿百态，有的美如拱桥，有的乱似草芥，有的像节日礼花，有的像天上云霞。由于太阳吸引力很大，大多数日珥物质升到一定高度后又往日面降落，但也有一些扬长而去，成为飘浮在日冕中的“流浪者”。

根据形状和运动特征，日珥可分为 6 种：宁静日珥、活动日珥、爆发日珥、环状日珥、黑子日珥和冕珥。宁静日珥存在的时间很长，寿命甚至达到 1 年以上，黑子多的时候，它出现得也多。活动日珥是宁静日珥变化而成的，活动程度较大。爆发日珥出现在黑子附近，光很强，活动性很大。大多数爆发日珥像地面火山喷发那样，以迅雷不及掩耳之势冲出日面几万、甚至上百万千米。

知识点

色球望远镜

用某一单色光观测太阳色球层活动现象（如谱斑、耀斑、日珥等）的光学望远镜，又称李奥太阳望远镜。天文学家利用色球层的这一特点，制造出色球望远镜。色球层的亮度比光球层微弱得多，也比白昼天空背景暗弱。

平时，用普通光学望远镜只能观测到光球，无法观测色球。如果在望远镜的光路中加一具双折射滤光器，只透射色球谱线的窄带（带宽0.25~0.75埃）单色光，在成像焦面上便得到色球的单色像，既可以用目视，也可以用照相方法观测。常用来观测色球的谱线是氢线（6 563埃）和电离钙线（3 934埃）。太阳巡视用的色球望远镜，物镜口径一般为10~20厘米，太阳像直径约2厘米左右，胶卷上记录全部日面资料；观测色球层精细结构的望远镜，物镜口径一般大于25厘米，太阳像直径10厘米以上，胶卷上只记录局部日面资料。在每幅照片上除记录色球像外，一般还同时拍下时间记号和用于光度定标的阶梯光标。有的色球望远镜上还附有普通的望远镜，以便同时观测光球。

延伸阅读

太阳内部构造

太阳的核心区域半径是太阳半径的1/4，约为整个太阳质量的一半以上。太阳核心的温度极高，达到1 500万℃，压力也极大，使得由氢聚变为氦的热核反应得以发生，从而释放出极大的能量。这些能量再通过辐射层和对流层中物质的传递，才得以传送到达太阳光球的底部，并通过光球向外辐射出去。太阳中心区的物质密度非常高。每立方厘米可达160克。太阳在自身强大重力吸引下，太阳中心区处于高密度、高温和高压状态。是太阳巨大能量的发祥地。太阳中心区产生的能量的传递主要靠辐射形式。太阳中心区之外就是辐射层，辐射层的范围是从热核中心区顶部的0.25个太阳半径向外到0.71个太阳半径，这里的温度、密度和压力都是从内向外递减。从体积来说，辐射层占整个太阳体积的绝大部分。太阳内部能量向外传播除辐射，还有对流过程。即从太阳0.71个太阳半径向外到达太阳大气层的底部，这一区间叫对流层。这一层气体性质变化很大，很不稳定，形成明显的上下对流运动。这是太阳内部结构的最外层。

肉眼看不见的光

说起阳光，人们自然想到五颜六色、色彩斑斓的可见光。其实，仅把可见光当作阳光是不公平的，肉眼看不见的红外线、紫外线、X 射线以及 γ 射线，也都是阳光的重要组成部分。

红外线是英国天文爱好者威廉·赫歇耳发现的。赫歇耳在天文学上贡献很大，他用自制的望远镜发现了天王星，后来他成为著名的天文学家。

1800 年，赫歇耳在研究太阳光谱不同波长的热辐射时，发现了红外线。他是用灵敏的温度计在可见光谱红端以外的地方发现的。他认为这里有一种看不见的光线，它的位置表明的它的频率比红光低，波长比红光长。

后来，用特殊的感光底片拍摄光谱，证实在红光外侧的确有光存在，并且证实这种看不见的光线和可见光遵循同样的规律。由于它的位置在红光外侧，所以叫它红外线或红外光。

其实，红外线是太阳最热的辐射光线，所以又叫热线。红外线很容易被地面吸收，使地面温度增高，它还可以晒热作物植株，为作物提供热量。

红外线的发现，给人们很大启迪，不久人们就提出这样的疑问：既然红外波段有辐射存在，在阳光的紫外波段有没有辐射呢？

1802 年，德国物理学家里特做了一个颇有趣味的实验，他把硝酸银放在蓝光和紫光下照射，看见分解出了黑色的金属银。

他又把硝酸银放在紫光外“光线”下照射，结果分解得更快。这个实验证明，太阳光里的确有紫外光线存在。

根据空间天文学家的探测，太阳紫外线分为近紫外线、中紫外线、远紫外线以及 EUV 线 4 种。这种射线在从太阳来到地面的途中，大部分被地球大气层的臭氧层吸掉了，达到地面的只有很少的一部分，因此太阳紫外线探测都在空间进行。

大量探测表明，在日冕和上层色球之间的过渡区域里，有很多紫外线谱线，它们是传递这个区域消息的重要使者。紫外线对研究这个层次的辐射起着顶梁柱的作用。在 20 世纪 90 年代，甚至直到现在，许多探测太阳的人造卫星，都带有紫外线探测仪器。

X射线照射下的蝙蝠

X射线是看不见的太阳光线的重要组成部分。它是1895年11月8日由德国著名物理学家威尔海姆·康拉德·伦琴发现的。这位杰出的物理学家因为发现了X射线，于1901年成为第一个诺贝尔物理学奖获得者。

1895年11月8日，伦琴在暗室里做阴极射线管中气体放电试验。为了防止紫外线和可见光的影响，他用黑色硬纸把阴极射线管包了起来。试验中，他发现在一定距离以外，涂有铂氰酸钡荧光材料的屏上，发出微弱的荧光。

这种现象一般人是不大重视的，可伦琴却对它进行了深刻的研究。根据他对物理学的了解，他认为，穿透力有限的阴极射线是无法穿过包有硬纸的阴极射线玻璃管壁的，使荧光材料发光的物质也不可能来自别的地方。但是，使荧光材料屏发光的物质是什么呢？他当时也不知道答案。

严肃的科学态度让伦琴对这种物质进行了深入的研究。在此基础上，他提出一个设想：这是阴极射线撞击在阴极射线玻璃管壁上产生的一种射线。后来的实验证明了伦琴的想法。

X射线是一种特殊的物质，在电磁场中不像带电粒子那样受电磁力的作用，也不像可见光那样经过透镜发生偏转。它有很强的穿透力，能够穿过树木、纸张和铅片，但不能穿过厚金属片；能够穿过肌肉，但在荧光屏上却能留下骨骼的阴影。因此，伦琴用它拍下了第一张骨骼的照片。

尽管如此，当时他对X射线的性质还了解的不多，甚至认为它同可见光无关。因此有人问他：“这种射线是什么物质”的时候，他回答说：“X”。X射线的名称就是这样得来的。

太阳表面具有上百万摄氏度的高温，日冕里的物质以特殊的形式存在，根据它的温度和物质特殊存在形式，理论家早就预言太阳上有X射线存在了。

但是由于这种射线在穿越地球大气层时被吸收了，所以要探测太阳 X 射线，就必须深入地球大气层上空。这在气球、火箭和人造卫星还不能用于科学研究的时代，是无法做到的。

1945 年第二次世界大战结束了，德国、日本和意大利是战败国，美国等国是战胜国。美国从德国那里获得战利品之一是 V－2 火箭。1946 年，美国海军研究实验室在海尔默特领导下，利用 V－2 火箭把探测太阳 X 射线的仪器送到了高空。很遗憾，这次实验空手而回，一无所获。

1948 年 8 月 6 日，再次实验获得了成功，拍得了第一张太阳 X 射线照片。后来，海军研究实验室继续进行了探测。大量探测表明，太阳的确是一个很强的 X 射线源。它的强度随着太阳活动周期而变化。现在，经过气球、火箭和人造卫星等运载工具的大量观测得知，太阳 X 射线含有 3 种成分，它们是宁静成分（流量基本上不变）、缓变成分（流量缓慢变化）和爆发成分（在短时间内流量急剧变化），爆发成分又叫太阳 X 射线爆发或太阳 X 射线耀斑。

从此，太阳 X 射线就成了研究太阳的极其重要的电磁波段了。

知识点

日冕

日冕是太阳大气的最外层，厚度达到几百万千米以上。日冕温度有 100 万℃，粒子数密度为 $10^{15}m^3$。在高温下，氢、氦等原子已经被电离成带正电的质子、氦原子核和带负电的自由电子等。这些带电粒子运动速度极快，以致不断有带电的粒子挣脱太阳的引力束缚，射向太阳的外围。形成太阳风。日冕发出的光比色球层的还要弱。日冕可人为地分为内冕、中冕和外冕 3 层。内冕从色球顶部延伸到 1.3 倍太阳半径处；中冕从 1.3 倍太阳半径到 2.3 倍太阳半径，也有人把 2.3 倍太阳半径以内统称内冕，大于 2.3 倍太阳半径处称为外冕。

延伸阅读

太阳光

地球上除原子能和火山、地震、潮汐以外，太阳能和其他一些恒星散发的能量是一切能量的总源泉。

到达地球大气上界的太阳辐射能量称为天文太阳辐射量。在地球位于日地平均距离处时，地球大气上界垂直于太阳光线的单位面积在单位时间内所受到的太阳辐射的全谱总能量，称为太阳常数。太阳常数的常用单位为瓦/米^2。因观测方法和技术不同，得到的太阳常数值不同。世界气象组织（WMO）1981年公布的太阳常数值是1 368 瓦/米^2。如果将太阳常数乘上以日地平均距离作半径的球面面积，这就得到太阳在每分钟发出的总能量，这个能量约为每分钟2.273×10^{28}焦。（太阳每秒辐射到太空的热量相当于1亿亿吨煤炭完全燃烧产生热量的总和，相当于一个具有5 200万亿亿马力的发动机的功率。太阳表面每平方米面积就相当于一个85 000马力的动力站。）而地球上仅接收到这些能量的二十二亿分之一。太阳每年送给地球的能量相当于100亿亿度电的能量。太阳能可以说是取之不尽、用之不竭的，又无污染，是最理想的能源。地球大气上界的太阳辐射光谱的99%以上在波长0.15～4.0微米之间。大约50%的太阳辐射能量在可见光谱区（波长0.4～0.76微米），7%在紫外光谱区（波长<0.4微米），43%在红外光谱区（波长>0.76微米），最大能量在波长0.475微米处。由于太阳辐射波长较地面和大气辐射波长（约3～120微米）小得多，所以通常又称太阳辐射为短波辐射，称地面和大气辐射为长波辐射。太阳活动和日地距离的变化等会引起地球大气上界太阳辐射能量的变化。

太阳每时每刻都在向地球传送着光和热，有了太阳光，地球上的植物才能进行光合作用。植物的叶子大多数是绿色的，因为它们含有叶绿素。叶绿素只有利用光的能量，才能合成种种有机物，这个过程就叫光合作用。据计算，整个世界的绿色植物每天可以产生约4亿吨的蛋白质、碳水化合物和脂肪，与此同时，还能向空气中释放出近5亿吨的氧，为人和动物提供了充足的食物和氧气。

月球表面有什么

虽然人们至今无法解释月球的身世，但是它自从诞生之日起就充当起了地球忠诚的卫士，这是不争的事实。月球，我国古时候称太阴，民间叫月亮。它还有几个高雅的名字——素娥、婵娟、嫦娥、玉盘、冰镜……

月球是地球独一无二的卫星，哥白尼称它为地球的卫士。自从它诞生以来，在数十亿年的漫长岁月里，它始终与地球形影不离。它是地球唯一的天然卫星。像地球一样，它是一颗坚实的固体星球。它一面绕着地球转，一面和地球一道绕太阳运行。

在前文中我们已经提到，在民间传说中，月亮是一个美好的世界，其中广寒宫尤其令人心驰神往：白玉石的台阶，白玉石的柱子，飞檐戏彩，碧瓦流丹，是神仙居住的地方。传说，唐明皇游月宫时，广寒宫里一片仙乐之声，众仙女挥袖舞袂，载歌载舞，唱起了《羽衣霓裳曲》。

遗憾得很，被称为天堂和仙境的广寒宫原来是徒有虚名的。300 多年前，意大利著名科学家伽利略自制了一架望远镜。1609 年末，他用这架望远镜首次观察了广寒宫。这是人类第一次用望远镜观测别的星球。

由于伽利略一举成功，从此开创了光学天文的新时代。但是，伽利略没有看到广寒宫的雕梁画栋，没有看到嫦娥仙子的婀娜舞姿，也没有看到白毛红眼睛的小白兔。

月　球

事实上，自从人类注视天空以来，用眼睛远眺，拿望远镜遥望，用仪器测绘拍照，尤其是自 1959 年苏联“月球 1 号”绕月飞行以来，探访月球的飞船将近百艘，并有 6 批 12 人登上了月宫。

由于望远镜遥望和宇航员的亲临拜访，目前人类对月球的了解远远超过对南极和大洋的底部。按照现代认识，被誉为广寒宫的月亮上既无空气又无水，是一片毫无生气的不毛之地。由于没有空气，失去了传播声音和散射阳光的媒介，因此，月亮上听不到声音，见不到蓝天，整天昏昏然暗黑一片，即使在阳光高照的“白天”，天空依然明星高照，星斗阑干。

由于没有空气保温，月球的表面温度变化相当剧烈。白天，中午的温度高到127℃，比我国最热的地方——吐鲁番盆地还要热几倍。夜晚，黎明前的温度降到零下183℃，比地球上冰天雪地的两极地区还要寒冷。

月亮是一个不大的天体，平均直径是3 476千米，大约是地球的3/11。根据它的直径，就能计算它的表面积和体积。月亮的表面积是3 800万平方千米，相当于地球表面积的1/14，比4个中国还要小。月球的体积是220亿立方千米，只有地球体积的1/49。

也许你会感觉很奇怪，既然太阳比地球大得多，地球又比月亮大得多，为什么看起来太阳和月亮差不多一样大呢?

原来我们看到的星球大小叫视大小。视大小由它们的角直径度量。所谓角直径，就是天体的圆面直径在观测者眼睛里所张的角度。这个角度由天体的直径和它到观测者距离的比值决定的。

月面像一面明镜，太阳像一只圆盘。太阳的直径大约是月亮的400倍。太阳到地球的距离也大约是月亮的400倍，因此两者的角直径大体相同，所以看起来它们大小差不多了。

月亮的质量是分析它对地球上物体所产生的吸引力得出来的。根据万有引力定律，月亮对地球上物体的吸引力，同月亮和被吸引物体的质量成正比，同它们之间的距离平方成反比。被吸引物体的质量是已知数，月亮到地球的距离也已经知道，只要测出被吸引物体受到月亮的吸引力是多少，立刻就能算出月亮的质量。

用什么作被吸引物体呢？最适当的当然是海水。月亮默默地吸引海水，使海水每日升高两次，这叫潮汐。

精确地研究潮汐时海水升高的高度，便可以测出月亮的吸引力，因而可以测量月亮的质量。用这种方法确定的月球质量，约等于地球质量的1/81，即7 400亿亿吨。

将月球的质量除以它的体积，就得到它的密度。月球的平均密度为每立方厘米 3.34 克，是地球密度的3/5，比组成地壳岩石的平均密度稍大一点。

根据月球的质量和半径，很容易计算出月球表面的重力，只有地球的1/6。就是说，一个在地面上重 60 千克的人，到了月球上，体重只有 10 千克，和地球上一个抱在怀里的娃娃差不多重。

宇航员

由于重力小，在月球上人人都是跳高健将。在地球上，朱建华曾经以2.39 米的成绩当了世界跳高冠军。在月球上，要跳过 2.39 米是不费吹灰之力的。像朱建华这样的优秀运动员，跳过 7 米、8 米是不成问题的。

由于重力小，在月球上举步行路十分艰难。首次登上月球的美国宇航员阿姆斯特朗从登月舱上下来，9 级扶梯竟花了 3 分钟。看了他沿登月舱扶梯踉踉跄跄而下的镜头，真叫人捧腹大笑。

过去很长的时间里，人们生活在地球上，“坐地观天”，看到了奇观异景往往无法解释，只好乞求神话来帮忙。用肉眼看月亮，最明显的特征是明暗相间、影影绰绰的，古人把这些特征想象成桂花树、广寒宫、蟾蜍和小白兔。

用现代望远镜和其他仪器测量，以及宇航员在月球上的考察，都没捕获到兔子，相反，倒抓到了山和“海”。根据现在的认识，月球上是高低不平的，高的是山，凹的是“海”，主要结构有下面几种：

一是“海”。说来奇怪，月亮上没有空气和水，哪里来的海？原来这是月球上明显的暗黑部分。它们是伽利略首先发现的。

1609 年，伽利略用望远镜观测月球时，看到月面上亮的部分是山，可惜，他的望远镜放大倍率太低，看不清暗的部分是什么。他根据地球上有山有水的

人类首次登月

自然景色，把这些暗黑的部分想象为海洋，并给予“云海”、“湿海”和“风暴洋”之类的名称。实际上，月海是低凹的广阔平原。

现在人们已经知道，月面的“海”约占可见月面的2/5。著名的月海共有22个，其中最大的是风暴洋，面积约500万平方千米，有半个中国大。其次是雨海，面积约90万平方千米。此外，月面上较大的海还有澄海、丰富海、危海等。

月面上不仅有“海”，还有“湾”和“湖”。月海伸向陆地的部分称为湾，小的月海称为湖。

二是环形山。月面上山岭起伏，峰峦密布，最明显的特征是环形山。“环形山”来源于希腊文，意思是碗。通常把碗状凹坑结构称为环形山。最大的环形山是月球南极附近的贝利环形山，直径295千米。其次是克拉维环形山，直径233千米。再次是牛顿环形山，直径230千米。直径大于1千米的环形山比比皆是，总数超过33 000个。小的环形山只是些凹坑。环形山大多数以著名天文学家或其他学者名字命名。

环形山是怎样形成的呢？有两种理论。一种认为是流星、彗星和小行星撞击月面的结果；另一种认为是月面上火山喷发而成的。现在看来，这两种方式都可以形成环形山。小环形山可能是撞击而成的，大环形山则可能是火山爆发的结果。

除“海”和环形山外，还有险峻的山脉和孤立的山。月面上的山有的高达8 000米。它们大多数是以地球上山脉的名字命名的，例如亚平宁山脉、高加索山脉和阿尔卑斯山脉等。最长的山脉长达1 000千米，高出月海3～4千

珠穆朗玛峰

米。最高的山峰在南极附近，高度达 9 000 米，比地球上世界屋脊——珠穆朗玛峰还高。

三是月面辐射纹。这是非常有趣的构成物，常以大环形山为中心，向四周作辐射状发散出去，成为白色发亮的条纹，宽约 10 ~ 20 千米。在向四周伸展出去的路上，即使经过山、谷和环形山，宽度和方向也不改变。典型的辐射纹是第谷环形山和哥白尼环形山周围的辐射纹。第谷环形山辐射纹有 12 条，从环形山周围呈放射状向外延伸，最长的达 1 800 千米，满月时可以看得很清楚。

四是月陆和峭壁。月面上比月海高的地区叫月陆，其高度一般在 2 ~ 3 千米，主要由浅色的斜长岩组成。在月亮的正面，月陆和月海的面积大致相等。在月亮背面，月陆的面积大于月海。经同位素测定，月陆形成的年代和地球差不多，比月海要早。

在月球表面上，除了山脉和“海洋”以外，还有长达数百千米的峭壁，其中最长的峭壁叫阿尔泰峭壁。

知识点

重力

重力，是由于地球的吸引而使物体受到的力，叫做重力（gravity），生活中常把物体所受重力的大小简称为物重。重力的单位是N，但是表示符号为G，公式为：$G=mg$。m是物体的质量，g一般取9.8N/kg。在一般使用上，常把重力近似看作等于万有引力。但实际上重力是万有引力的一个分力。重力之所以是一个分力，是因为我们在地球上与地球一起运动，这个运动可以近似看成匀速圆周运动。我们做匀速圆周运动需要向心力，在地球上，这个力由万有引力指向地轴的一个分力提供，而万有引力的另一个分力就是我们平时所说的重力了。

延伸阅读

月球磁场为何消失

在对美国阿波罗号宇航员从月球上带回的岩石的研究中，科学家们发现，月球周围的磁场强度不及地球磁场强度的1/1 000，月球几乎不存在磁场。但是，研究表明，月球曾经有过磁场，后来消失了。

月球磁场从其诞生之后的5亿~10亿年开始，直至36亿~39亿年期间，是有磁场的。但是，当它出现了6亿~9亿年之后，磁场却突然消失了。地球的磁场起源于地球内部的地核，科学家认为，地核分为内核和外核，内核是固态的，外核是液态的。它的黏滞系数很小，能够迅速流动，产生感应电流，从而产生磁场。也就是说，所有的行星其磁场都是通过感应电流作用才产生的。

对月球表面岩石的分析结果，月球不存在可以产生感应电流作用的内核。相反，所有的证据表明，月球的表面是一个已经溶解的外壳，是由流动的熔岩流体形成的“海”，后来因冷却变成了现在这副模样。最初，几乎所有的天文学者都以为人类在月球上找到了海，其实月球上发暗的部分，正是熔岩流体冷却形成的。那么，磁场到底是从哪里产生的呢？美国加利福尼亚大学地球行星系的思德克曼教授率领的物理学专家组针对这一专题进行了三维模拟试验。经试验，他们终于得出了结论。据该小组介绍：体轻且流动的岩石，形成了熔岩的“海洋”，它们在从下面漂向月球表面的时候，在其表面之下残留了大量的类似钍和铀一样的重放射性元素。这些元素在崩溃时放出大量的热，这些热量就像电热毯一样，加热了月球的内核。被加热的物质与月球的表面形成对流，从而产生了感应电流作用。此时，也就产生了月球磁场。但是，当放射性元素崩溃超越一定时点时，对流现象中止，于是感应电流作用也随之消失。正是由于这样的变化，才最终导致月球磁场的消失。

地月之间的距离有多大

月球作为一名“卫士”，同它的“主人”——地球是相处得很好的。它诞生40多亿年以来，始终围绕着地球不停地转动。

此外，它还是满天星斗中离地球最近的一颗星，平均距离只有384 401千米。月球到地球的距离，只有太阳到地球距离的1/400。

38万多千米，一颗速度为每秒500米的炮弹，需要飞行9天；每秒传播332米的声音，需要传播13天。

即使是光线，从月亮到达地球，也得走1.25秒钟。这样遥远的距离如何测量出来的呢？用皮尺测量吗？天各一方，人如何在辽阔的宇宙空间一下一下摆弄皮尺呢？幸好，科学家们有聪明才智，他们会出主意，能想办法。在天文学家的精心钻研下，一个个巧妙的办法想出来了。

第一次测量月球距离的是古希腊的喜帕恰斯。他利用月食测量了地月距离。当时希腊人已经意识到，月食是由于地球处于太阳和月亮中间，地影投射到月面上造成的。根据掠过月面的地影曲线弯曲的情况，能显示出地球与月亮的相对大小，再运用简单的几何学原理，便可以推算出与月亮的距离。看，月亮主演的月食这部电影对古人认识月球和地球之间的关系起到了多么重要的作用啊！

地月距离

喜帕恰斯得出，月亮到地球的距离几乎是地球直径的 30 倍。假若他采纳了埃拉特塞尼的地球直径数字，那么月亮到地球的距离是 381 000 千米，和今天采用的数字很相近。

1751 年，法国的拉朗德和拉卡伊，用三角法精确地测量了与月亮的距离。三角法是测量队常用的一种方法，它能用来测量不能直接到达的地方的距离。

比如，在一条奔腾咆哮的河对岸有一建筑物，要想知道与它的距离，又不能渡过河去，就可以用三角法测量。

方法是在河这边选取两个基点，量出它们之间的距离（这两个基点之间的连线叫基线），然后在两个基点上分别量出被测目标同基线的夹角，就可以计算出被测建筑物的距离。拉朗德和拉卡伊所用的正是这种方法。

不过，由于天体都很遥远，用三角法测量天体时，基线要取得很长。拉朗德和拉卡伊选取柏林和好望角作基点。拉朗德在柏林，拉卡伊在好望角，同时观察月亮。他们测得月亮离地球是 384 400 千米。

随着科学技术的发展，20 世纪 50 年代以来，先后发展了雷达测月和激光测月。雷达测月在 1946 年开始试验，1947 年首次获得成功。用这种方法测量的月—地距离是 384 403 千米，误差在 1 千米之内。目前国际天文界共同采用的数字是 384 401 千米。

激光的发明，特别是 1960 年第一台红宝石激光器问世，使得天文学家有可能将雷达天文扩展到光学波段。在测量月—地距离时，人们用激光雷达代替无线电雷达，这就是在科学界很受推崇和注意的激光测月。

由于激光的方向性极好，光束非常集中，单色性极强，因此它的回波很容易同其他形式的光区分开来，所以激光测月的精确度远比雷达测月高，可精确到几十厘米。

第一次成功地接收到月面反射回来的激光脉冲是1962年，它为激光测月拉开了序幕。7年以后，美国用“阿波罗—11号”宇宙飞船把2名宇航员送上了月球。

他们在月面上安装了供激光测距用的光学后向反射器组件。这个组件反射的激光脉冲，将严格地沿着原路返回地面激光发射站，供地面接收。用这种方法测量月—地距离，精度可达到8厘米。

激光的应用

知识点

宇宙飞船

宇宙飞船（space ship），是一种运送航天员、货物到达太空并安全返回的一次性使用的航天器。它能基本保证航天员在太空短期生活并进行一定的工作。它的运行时间一般是几天到半个月，一般乘2～3名航天员。

世界上第一艘载人飞船是前苏联的“东方”1号宇宙飞船，于1961年4月12日发射。它由两个舱组成，上面的是密封载人舱，又称航天员座舱。这是一个直径为2.3米的球体。舱内设有能保障航天员生活的供水、供气的生命保障系统，以及控制飞船姿态的姿态控制系统、测量飞船飞行轨道的信标系统、着陆用的降落伞回收系统和应急救生用的弹射座椅系统。另一个舱是设备舱，它长3.1米，直径为2.58米。设备舱内有使载人舱脱离飞行轨道而返回地面的制动火箭系统，供应电能的电池、储气的气瓶、喷嘴等系统。“东方”1号宇宙飞船总质量约为4 700千克。它和运载火箭都是一次性的，只能执行一次任务。

1966年3月17日，“双子星座”8号的宇航员进行了首次太空对接。之后不久，由于飞船损伤系统突然失灵，宇航员们不得不进行紧急着陆处理。宇航员尼尔·A·阿姆斯特朗和戴维·R·斯考特在计划为期3天的飞行使命中的第5圈飞行时，操纵其双子星座密封舱与阿根纳号宇宙飞船对接成功。半小时后，双子星座密封舱开始旋转并失去控制。接着，宇宙飞船上12台小型助推火箭中的一台原因不明地起火。宇航员随即将其飞行器与阿根纳号分离，并成功地在太平洋上降落。

延伸阅读

外星人说

1969年7月20日，美国东部时间22时56分，“阿波罗11号”成功登月，宇航员阿姆斯特朗成为人类历史上第一个踏上月球的地球人。

在令全世界沸腾的电视直播中，人们突然听到宇航员阿姆斯特朗说了一句：“……难以置信！……这里有其他宇宙飞船……他们正注视着我们！”此后信号突然中断，美国宇航局对此从未做出任何解释。不久之后，美国政府宣布终止一切登月计划，这一决定背后的原因至今仍是人类航天史上终极秘密。

阿姆斯特朗说那句话的时候在月球上遭遇了什么？

美国宇航局向我们隐瞒了什么？打消其他国家登月研究、开采月球资源等的念头？

近年来，包括阿姆斯特朗在内的数位美国登月宇航员，屡屡在各种场合发表自己“曾在月球上与外星人有过接触”的言论，引发国际轩然大波。而内幕消息更传言：美国政府其实一直在秘密频繁登月！

月球的自转与“摇摆舞”

除了绕地球公转外，月亮还在原地打转转。这就是自转。“月亮有自转?”有人不相信，“用望远镜看月亮，它老是一面朝着我们哩。”

其实，正是这个“老是一面朝着我们”才证明它有自转。不然的话，它在公转的时候，朝我们的一面要不断地改变。

老是一面朝着我们，泄漏了一个天机：月亮上“一天”等于“一年”。这里所述的“天”和“年”是同地球类比而言的。

在地球上，“一天”是地球自转“一圈”的时间，“一年”是地球绕太阳公转一圈的时间。月亮上一天等于一年，表示它的自转周期和公转周期相同。

月面上没有空气，即使在阳光耀眼的“白天”，仍有满天星星。在月球上看太阳，它在空中运行得十分缓慢。

因为月面上无法区分年和月，白天和黑夜各长14.8天。因此，月亮上的日出和日落的过程是壮观的、漫长的，其过程可长达1小时。

在日出的时候，东方会出现一种日冕光造成的奇景。美国宇航员亲眼目睹了这一美景。他形容说：“美极了，很难用语言来形容。”

另一方面，环形山给月面上造成了犬齿形的“地平线”。这种“地平线”在日出和日落时，也能产生美丽的奇景。这种奇景能保持好几分钟，看了真叫人如醉如痴!

应当指出，月亮并不是严格地一面朝着我们的，如果是这样，我们只能看到50%的月面了，而实际上我们却看到了59%。这9%的月面是在它跳“摇摆舞”时看到的。

遥看月球

月球上的环形山

月亮的“摇摆舞”天文学上叫做天平动。月亮的天平动分为几何天平动和物理天平动两种。几何天平动又名光学天平动和视天平动。它是由几何方面的原因而引起的。它有上下和左右的摇摆。

具体说来，一种是前仰后俯的摇摆。当月亮运行到白道最北点时，人们可以在月亮南极多看到6°41′区域；月亮运行到白道最南点时，人们可以在月亮北极多看到6°41′区域。

这种前仰后附的摇摆，是月亮的赤道和黄道有6°41′的夹角造成的，天文学上叫做纬天平动。

第二是左右摇摆。月亮在椭圆轨道上运行，当它在轨道上从近地点奔向远地点时，它西边外侧在经度方向有7°45′被地面上看到；当它由远地点奔向近地点时，它东边外侧在经度方向有7°45′被地面上看到。这种现象是月亮在椭圆形轨道上运动速度有快有慢造成的，这种摇摆叫做经天平动。

第三是由于视差原因。在月亮从地平面上升起和降落的时候，还能多看到1°左右的月面。这叫周日天平动。

物理天平动是描述月亮自转轴状态的。现代的电子计算机计算表明，月亮自转轴所指的方向不是固定不变的，自转速度也有变化，它们形成一个幅度较小的摆动，周期为1个月。像地极移动一样，这种摇摆也会造成2秒左右的天平动。

月亮在围绕地球公转的时候，每天从西向东前进了13.2°，这使得月亮从地平线上升起的时间和位置每天都有所不同。

在时间上，平均每天约晚50分钟升起，即第二天月亮从地平线上升起的时间比第一天晚50分钟。但季节不同，这个数字变化很大。这个变化不是月亮速度变化造成的，而是白道面与地平面所成的角度不同的结果。

秋季，这个角度较小，所以每天晚的时间少；春季，这个角度较大，所以每天晚的时间大。

以北纬40°地方为例，秋季的时候，有时月亮比前一天晚升起22分钟；而在春季，有时却比前一天晚升起80分钟。由于月亮从地平线上升起的时间一天比一天晚，所以在同一个时间，月亮在天空的位置也一天比一天向东移。

在位置上，月亮和太阳的情况相似，出没的方向和到达天空正南方的高度都有较大的变化。

以满月为例，月亮的出没和太阳的情形正好相反：日出时月落，日落时月出。冬季，太阳从东南方升起，在西南方落下，而月亮从东北方升起，从西北方落下，半夜时到达正南方，位置最高。

冬季月亮在天空照耀的时间比其他季节长。夏季，满月出没的位置犹如冬天的太阳，从东南升起，在西南落下，到达正南的高度也很低。

知识点

满　月

满月是指月和太阳的黄经差达到180°时的瞬间（也称望），以及此时的月相（也称望月）。相邻的两次满月总是相距29.53天。

满月的时候，月球和太阳分别在地球的两侧。若此时为正对面，即发生月食。满月的日周运动，和春秋、冬夏相反的太阳的日周运动几乎一样。日没时升起，在午夜时位于南中，在日出时沉没。夏季的时候，中国大部分地区可以看见其从东南方向升起，低平的位置横穿南方的夜空。冬季的时候偏北，南中时分的满月在夜空的较高位置。春分、秋分时候从正东附近升起，在正西附近落下。

在阴阳历中，每月的十五日前后必定为满月。因此在农历中将十五日称为“望月”。

满月经常成为鉴赏的对象，自古就有赏月活动。特别是秋季的满月非常美丽，农历八月十五日成为“中秋节”，中国、日本、韩国等地都有特别的赏月活动。以此为题材的文学作品更是数不胜数。

延伸阅读

月面辐射纹

月面上还有一个主要特征是一些较“年轻”的环形山常带有美丽的“辐射纹”，这是一种以环形山为辐射点向四面八方延伸的亮带，它几乎以笔直的方向穿过山系、月海和环形山。辐射纹长度和亮度不一，最引人注目的是第谷环形山的辐射纹，最长的一条长1 800千米，满月时尤为壮观。其次，哥白尼和开普勒两个环形山也有相当美丽的辐射纹。据统计，具有辐射纹的环形山有50个。

形成辐射纹的原因至今未有定论。实质上，它与环形山的形成理论密切联系。现在许多人都倾向于陨星撞击说，认为在没有大气和引力很小的月球上，陨星撞击可能使高温碎块飞得很远。而另外一些科学家认为不能排除火山的作用，火山爆发时的喷射也有可能形成四处飞散的辐射形状。

月球上的神秘现象

第一位踏上月面的宇航员阿姆斯特朗在向月面降落时，曾向地球发出这样的报告：“……月面的颜色很有趣，当你从与太阳光相平行的角度观察时，月面是灰白色；观察角度与阳光成直角时，却又变成了一种奇怪的深灰色。”

阿波罗8号的飞行员也曾说过：“月球上不是黑便是白，没有一点其他的颜色”。

然而当你站在月球正面抬头仰望地球时，那天空中巨大蔚蓝色的星球，光色皎洁，美丽而又亲切。在阳光照耀下，地球上淡蓝色的大气层里飘绕着片片白云。深蓝色的是海洋，黄色的是陆地，覆盖看白色冰雪的是极地。

在月球上看地球圆面要比满月大14倍，比满月亮80多倍，因而在月面上的地光照耀下，可以看书看报。还可以十分明显地看到地球上被太阳照亮的白天部分和黑夜部分。

站在月球上看地球

还有一种奇特的现象，那就是在月球的正面，地球永不下落，而太阳、恒星却在它身后徐徐而过。会想改变地球在月空中的位置那倒也不难。只要观测者挪动在月面的位置便可以了。

如果你站在第谷环形山旁看地球，地球挂在南方天空，向南走到雨海地区时，又会发现明亮的地球移到了北方天空。在月球东部看，地球在西方天空；在月球西部看，地球又出现在东方。到了月球背面，地球则隐没永不露面，这一现象说明了地球在月球上空的位置不随时间而变，只与观测者所在月面的位置有关。

在月球上看地球，地球也有外表的相貌变化。类似于月相的变化。地球位相变化的过程跟月亮的位相变化过程恰好相反。

比如在地球上初一时，月球处在日地之间，人们见不到月亮，但在月球上看地球，地球恰是又圆又亮。而在十五、十六满月时，地球恰好处在月亮与太阳之间，这时从月球上应该看不到地球，可是由于地球周围的大气折射和散射太阳光，所以在月球上仍可以模糊地看见地球。

地球周围有一层很厚的大气包围看，太阳光射入地球大气层时，蓝色光受到地球大气的散射，使我们能够看到蔚蓝色的天空。然而在月球上没有空气散射太阳光，我们可以看到的是太阳高悬天空，天空仍然一片漆黑。星星像一粒粒夜明珠和太阳一起镶嵌在黑丝绒般的天幕上，同升同落。太阳是那样明亮，慢慢地在星星间自西向东穿行。

在月球上能见到日食，却看不到地球食。月球上的日食现象，是指地球在太阳与月亮之间，大致成一直线时，地球遮住太阳的现象。

月球上的日食是一幅非常美丽的景色，是地球上的日食无法比拟的。由于地球周围包裹看一层厚厚的大气，太阳光中的红光通过这层大气折射到月球上来，使整个月球在日全食的过程中沐浴在一片神秘的古铜色的辉光中。

这时，月球漆黑的天空中挂着的地球则像一个黑色的圆盘，周围有着一圈红色的光环。整个日全食过程最长可以延续两个多小时。可让人们尽情欣赏。

在月球上观看日出、日落同样让你激动不已。那是因为月球上环形山造成犬齿形的“地平线”，会使日出或日落时出现地球上仅有日全食瞬间出现的倍利珠。夺目的光辉从山隙中喷薄而出，而又能在好几分钟内保持这种现象，真叫人如痴如醉。

知识点

大气折射

射线理论是研究大气折射的基本理论。当无线电波在不均匀介质中传播且其内部反射可忽略时，可用几何光学近似方法对其进行研究。略去地磁场影响，电离层和对流层均为四维（三维空间与时间）不均匀各向同性介质，其中射线是由费马原理推导出的偏微分方程组描述的空间曲线。对四维不均匀大气的大量测量结果表明，通常大气随离地高度的变化比沿球面方向的变化大 1 ~ 3 个量级。因此，在大气折射误差修正中，可假设大气层是球面分层，这时射线服从球面斯涅耳定律。

延伸阅读

空心的太空船月球

1970 年，俄国科学家柴巴可夫（Alexander Scherbakov）和米凯威新（Mihkai Vasin）提出一个令人震惊的“太空船月球”理论，来解释月球起源。他们认为月球事实上不是地球的自然卫星，而是一颗经过某种智慧生物改造的星体，加以挖掘改造成太空船，其内部载有许多该文明的资料，月球是被有意地置放在地球上空，因此所有的月球神秘发现，全是至今仍生活在月球内部的高等生物的杰作。

当然这个说法被科学界嗤之以鼻，因为科学界还没有找到高等智慧的外星人。但是，不容否认的，确是有许多资料显示月球应该是“空心”的。

最令科学家不解的是，登月太空人放置在月球表面的不少仪器，其中有“月震仪”，专用来测量月球的地壳震动状况，结果，发现震波只是从震点向月球表层四周扩散出去，而没有向月球内部扩散的波，这个事实显示月球内部是空心的，只有一层月壳而已！因为，若是实心的月球，震波也应该朝内部扩散才对，怎么只在月表扩散呢?

神秘而频繁的月震现象

在月球上发生类似地震一样的震动，叫月震。1969 年以前，人们谈起月震来，还只是作为一件奇事来猜想，或进行科学推测而已。总之，那时谈月震确实还是个谜。

人类为了实现登月的理想，必须要确切掌握月面环境状况，如月球表面结构如何？月球内部活动怎样？有没有月震？月震的能量有多大？月震的频次是多少？等等，问题直接涉及列人类能不能登月，能不能长期在月球上停留。因此，探索月震活动是实现人类登月考察的重要问题之一。

1969 年 7 月，美国“阿波罗 11 号”载人飞船首次登月时，放到月面的科学测量仪器中，就有自动月震仪。在以后几次人类登月活动中也都带去了测量月震的仪器。

第一个自动月震仪放在月面的静海西南角。其他 5 个分别在风暴洋内东南部、弗拉·摩洛地区、亚平宁山区的哈德利峡谷、笛卡儿高地和澄海东南的金牛—利持罗峡谷。因此，人类在地球上就能了解月球的脉搏——月震。到 1977 年 9 月 30 日，共监测到 10 000 多次月震活动。

探得月震次数每年平均近千次，多属深源震，强度不如地震大，仅相当 1 ~2 级地震。月震在月球内部要经过多次日波反射，震波持续的时间长。

同样震级的小震，在地球上持续 1 分钟左右，而在月球上要持续 1 个小时。月震中有陨石撞击引起的月震，还有为测试月面和月壳的物理性质，而向月面抛射登月舱或引爆金属管、枪榴弹筒等物质引起的人工月震。

月震造成的裂缝

如今已知，向着地球这面的月震比背着地球的那面月震多。向地球一面分布着4个深月震的震中带。月海区比月陆区的月震多。深震源区有109个，在这些区域反复发生月震。科学家们发现，深月震的时间分布有一定的周期规律，有13.6日、27.2日和206日等周期，说明深月震的发生与地球和太阳对月球的起潮力有触发性的关系。

科学家还得知浅月震比深月震少，在1万多次月震中只记录到28次。但浅月震能量大，已记录到最大的浅月震为4.8级，浅月震与地月之间的位置无明显关系。有人认为浅月震可能属月球的构造月震，但也有人不同意这个观点，仍属奥秘。

应当特别指出的是，月震仪每个月都会记录下相同的曲线。分析后发现：每个月当月球离地球最近时，也是受到地球引力最大时，月球就会出现完全相同的月震特征。而这种情况几乎是不应该发生的。

换个说法，就是月震以1个月时间为间隔发生，就像时钟一样准确。当月球最接近地球时（近地点）便开始出现月震的最初征兆，在月球运行到距近地点5天前、月震的初兆便显露出来，简直像时钟一样准确。

科学家对这种现象感到十分惊异！“阿波罗12号”飞船与“阿波罗14号”飞船在月球上安装的月震仪记录的结果全都一样。

美国《纽约时报》也报道了这一奇怪现象：最近在月球发现的这些现象说明整个月球都在发生同样的震动。这些震动实质上是一回事！这篇报道还补充说：“月震总是让月震仪留下同样的记录，这应当使月面学专家们惊叹不已。”

这篇报道的措词是委婉而谨慎的，实质问题是天然岩石的隆起和崩毁为什么经常发生在同一时刻？老资格的月球研究者盖利·莱萨姆博士承认，月震发生时间像与时钟同步一样准确，但无法做出解释。他认为这种现象就是解释月震的难以自圆其说的矛盾之处。

还有另一种让人感到十分惊异的现象，当宇航员向月面抛掷登月舱和引爆枪榴弹筒造成人工月震时，月震仪的记录再次让人震惊，月震实测持续了3个多小时，月震深度达到30～40千米，直到3小时20分钟后才逐渐结束，科学家们更感到惶惑了，美国NASA的地震学家们对此面面相觑，没有一个人能够做出令人满意的解释。

而相信“月球是宇宙飞船”假说的人，认为将月震归于“自然现象”是永远无法解释的。如果从他们的观点出发，把月震解释为“人为”的原因造成的月震，也就是说月震可能是受某一智慧生物的定时操控造成的；月球内部是中空的；月球是宇宙飞船。那么一切月震之谜就化为乌有了。

知识点

地　震

地震（earthquake）又称地动、地振动，是地壳快速释放能量过程中造成振动，期间会产生地震波的一种自然现象。

地震，是地球内部发生的急剧破裂产生的震波，在一定范围内引起地面振动的现象。地震也是地球表层的快速振动，在古代又称为地动。它就像海啸、龙卷风、冰冻灾害一样，是地球上经常发生的一种自然灾害。大地振动是地震最直观、最普遍的表现。在海底或滨海地区发生的强烈地震，能引起巨大的波浪，称为海啸。地震是极其频繁的，全球每年发生地震约550万次。

地震常常造成严重人员伤亡，能引起火灾、水灾、有毒气体泄漏、细菌及放射性物质扩散，还可能造成海啸、滑坡、崩塌、地裂缝等次生灾害。

地震波发源的地方，叫做震源（focus）。震源在地面上的垂直投影，地面上离震源最近的一点称为震中。它是接受振动最早的部位。震中到震源的深度叫做震源深度。通常将震源深度小于60千米的叫浅源地震，深度在60～300千米的叫中源地震，深度大于300千米的叫深源地震。对于同样大小的地震，由于震源深度不一样，对地面造成的破坏程度也不一样。震源越浅，破坏力越大，但波及范围也越小，反之亦然。

破坏性地震一般是浅源地震。如1976年的唐山地震的震源深度为12千米。

破坏性地震的地面振动最烈处称为极震区，极震区往往也就是震中所在的地区。

观测点距震中的距离叫震中距。震中距小于100千米的地震称为地方震，在100～1 000千米之间的地震称为近震，大于1 000千米的地震称为远震，其中，震中距越长的地方受到的影响和破坏力越小。

地震所引起的地面振动是一种复杂的运动，它是由纵波和横波共同作用的结果。在震中区，纵波使地面上下颠动。横波使地面水平晃动。由于纵波传播速度较快，衰减也较快，横波传播速度较慢，衰减也较慢，因此离震中较远的地方，往往感觉不到上下跳动，但能感到水平晃动。

当某地发生一次较大的地震时，在一段时间内，往往会发生一系列的地震，其中最大的一个地震叫做主震，主震之前发生的地震叫前震，主震之后发生的地震叫余震。

地震具有一定的时空分布规律。

从时间上看，地震有活跃期和平静期交替出现的周期性现象。

从空间上看，地震的分布呈一定的带状，称地震带。就大陆地震而言，主要集中在环太平洋地震带和地中海—喜马拉雅地震带两大地震带。太平洋地震带几乎集中了全世界80%以上的浅源地震（0～60千米），全部的中源（60～300千米）和深源地震（大于300千米），所释放的地震能量约占全部能量的80%。

延伸阅读

月震的研究价值

人们关心月球的问题之一，就是月球内部的结构如何？是否和地球一样？而了解月球内部结构的最好方法就是研究月震波，有人打过一个比喻，说地震波好比一盏灯把地球内部的结构给照亮了，这就是科学家为什么急于在月球上安装测震仪的原因。

月球上没有水，也没有空气，是个非常安静的地方，它不像神话中讲的那么有情趣，测震仪每年会记录到600～3 000次月震，震级多数很小，大约不到2级，这使人们想到，月球表面尽管很平静，内部仍然十分活跃。测震仪还能记到陨石撞击月球产生的月震波，登月球的科学家为了研究月球的内部结构，还要在月球上制造人工月震，来计算月震波的波速。根据对月震波的研究，发现月球的绝大部分是固态，也大致分3层，外壳、中间层和月核，月核比固体软，但可能还不是液态。

神奇的日食现象

日食是太阳、地球、月球三者正好处在一条直线上时，月球就会挡住太阳射向地球的光线，那么，月球身后的黑影正好落到地球上，这时就发生了日食现象。

日食又可分为日环食、日偏食、日全食，不管是那种日食，它们的发生时间都非常短。在古代，日食是不受人们欢迎的，但是在现代，日食对于天文观测却有着极大的价值。随着时间的推移和科技的发展，人们可以了解更多关于日食的知识。

日全食的发生和倍利珠

日食共有 3 种：日全食、日偏食和日环食。当月亮“跑”到太阳和地球之间，而且三者位于同一直线上时，会发生什么情况呢？

在太阳光的照射下，月亮有一条长长的“尾巴”——月影。这时，月影就一直伸到了地面上。地面上处于月影范围内的人，就看不到太阳了，因为月亮挡住了它。

为什么月亮能把太阳挡住呢？这是因为：太阳的直径是月亮直径的 400 倍，月亮当然比太阳为小，但是，月亮离地球要比太阳离地球近 400 倍之多，这样一来，太阳虽然比月亮大 400 倍，但却由于距离远 400 倍，正好抵销。所以从地球上看起来，月亮就和太阳的大小差不多。于是，一叶障目，不见泰山，小小的月球就能把巨大的太阳几乎完全挡住。

严格地讲，月亮挡掉的是太阳的光球。日冕很大，月亮挡不住它。当然，介于光球和日冕之间的色球层，也是足够大的，所以月亮也不能把它整个都遮掉。

在一切自然界现象中，没有什么比日全食更能引起人们的兴趣了。一到了预报的日食开始的时刻，千万双眼睛注视着天上的太阳。

人们可以看到：太阳圆面的西边缘，有黑暗的影子在逐渐地遮挡着它，一向光芒四射的太阳圆面，慢慢地减少了。开始是缺了边，接着越遮越多了，最后成为弯弯月牙似的一钩，暗淡的光辉代替了光芒四射的太阳光，黄昏代替了晴空万里的景色。

转瞬之间，太阳被月亮遮盖得只成一丝光线，就在这最后光明消失之前，太阳边缘突然冒出像“珍珠”一样的光彩。

它的出现只有一两秒钟的时间，接着，太阳就全部被月亮遮挡，日全食发生了。

人们可以见到：原来的太阳位置甲上，变成暗黑的月亮圆面。天色突然变暗，犹如夜幕降临。于是，雀鸟归巢，鸡鸭回窝；活跃的自然界暂时变成寂静的天地。这时候，在地平线上可以看见一圈像朝霞一样的淡红光辉。

倍利珠

这是被日食区域以外的大气反射形成的现象。在地平面上的行星和比较亮的恒星，都出现在这个昏暗的天空里。同时，气温迅速下降，有时候有一种叫做“日食风”吹刮起来。

在暗黑的月亮周围，镶着淡红色的光芒，那就是太阳的色球层，它里面喷射出来的红色“火焰”就叫“日珥”。还有那银白色的光芒，那就是太阳的外层大气，叫做“日冕”。不知道有多少人以惊奇的眼光来注视着这罕见而壮丽的自然现象。这是多难得的机会啊！

但是，日全食的时间是很短促的，最长也只不过7.5分钟。

当月亮继续往前移动的时候，太阳的西边缘就露出一丝亮光，阳光再次普照大地，真如阳光初来，清晨再现。同时，鸡鸣雀躁，直到太阳逐渐恢复光明，整个大地又再成为欢腾世界。日全食的整个过程，在人们头脑中，留下了深刻的印象。

在日全食的时候，我们可以看到，在一圈光环之上似乎镶嵌了一颗光彩夺目的钻石，或者说像是一颗又大又亮的珍珠。这就是“倍利珠’。“倍利珠”从何而来呢？

日全食

前面已经谈到，月亮并不是一个光光滑滑的圆球，而是山峰林立，“海洋”遍地。有时，月亮差不多已经把太阳光球完全遮住了，却还有那么一个山谷，在月亮边缘造成了一个小小的“缺口”，太阳光还可以穿过它射到我们这里来。因此，周围虽已黑暗，这缺口却依然明亮如故。在这种强烈对比之下，它就显得分外耀眼，恰似一颗宝珠在黑暗里大放异彩，所以它才获得了“珠”的美称。

人们形容一件事情存在的时间短暂，往往使用“昙花一现”这个成语。但是，倍利珠存在的时间比昙花一现还短促。因为，当月亮在它的轨道上继续移动时，刚才提到的那个小“缺口”立刻就消失了。

这时，或者是真正的全食开始了，整个光球被天衣无缝地盖了起来，或者是全食已经宣告结束，大块的光球重新开始从月亮背后露了出来。无论是上面两种情况中的哪一种，都表明了刚才的那颗“珠”已经不复存在了。所以，要给倍利珠照个相是很不容易的。只有非常善于“抢镜头”的人才能把它拍下来。

知识点

月　影

“月影”顾名思义，指的是月下的影子。在古诗中曾有“对影成三人”，其中“三人”包括月、诗人以及诗人在月下的影子。诗人在花好月圆之时，举目无亲，内心十分的寂寞和孤独，自己在月下的影子似乎已不是影子，而是自己的一位亲人，一位能够知己意的朋友。每个人都会有那么一刻的孤单和彷徨，而陪伴自己的只有自己在月下的影子。因此，我觉得“月影”可以理解为一位“知心朋友或亲人”或是“孤独彷徨”等相关的意思。

延伸阅读

意义价值

日全食之所以受重视，更主要的原因是它的天文观测价值巨大。

日食，特别是日全食：是人们认识太阳的极好机会。我们平时所见到的太阳，只是它的光球部分，光球外面的太阳大气的两个重要的层次——色球层和日冕，都淹没在光球的明亮光辉之中。色球层是太阳大气中的中层，它是在光球之上厚约2 000千米的一层；在太阳外面，还包围着温度极高（百万摄氏度）但却十分稀薄的等离子体，延伸的范围比太阳本身还大好几倍，这叫做日冕。日冕的光度只有太阳本身的百万分之一，平常它完全隐藏在地球大气散射光造成的蓝色天幕里。日全食时，月亮挡住了太阳的光球圆面，在漆黑的天空背景上，相继显现出红色的色球和银白色的日冕，科学工作者可以在这一特定的时机、特定的条件下，观测色球和日冕，并拍摄色球、日冕的照片和光谱图，从而研究有关太阳的物理状态和化学组成。例如在1868年8月18日的日全食观测中，法国的天文学家让桑拍摄了日珥的光谱，发现了一种新的元素“氦”，这个元素一直在过了20多年之后，才由英国的化学家雷姆素在地球上找到。

日食可以为研究太阳和地球的关系提供良好的机会。太阳和地球有着极为密切的关系。当太阳上产生强烈的活动时，它所发出的远紫外线、X射线、微粒辐射等都会增强，能使地球的磁场、电离层发生扰动，并产生一系列的地球物理效应，如磁暴、极光扰动、短波通讯中断等。在日全食时，由于月亮逐渐遮掩日面上的各种辐射源，从而引起各种地球物理现象发生变化，因此日全食时进行各种有关的地球物理效应的观测和研究具有一定的实际意义，并且已成为日全食观察研究中的重要内容之一。

观测和研究日全食，还有助于研究有关天文、物理方面的许多课题，利用日全食的机会，可以寻找近日星和水星轨道以内的行星；可以测定星光从太阳附近通过时的弯曲，从而检验广义相对论，可以研究引力的性质等等。

此外，日食对研究日食发生时的气象变化、生物反应等都有一定的意义

科学史上有许多重大的天文学和物理学发现是利用日全食的机会做出的，而且只有通过这种机会才行。最著名的例子是1919年的一次日全食，证实了爱因斯坦广义相对论的正确性。爱因斯坦1915年发表了在当时看来是极其难懂、也极其难以置信的广义相对论，这种理论预言光线在巨大的引力场中会拐弯。人类能接触到的最强的引力场就是太阳，可是太阳本身发出很强的光，远处的微弱星光在经过太阳附近时是不是拐弯了，根本看不出来。但如果发生日全食，挡住太阳光，就可以测量出来光线拐没拐弯、拐了多大的弯。机会在1919年出现了，但全食带在南大西洋上，很遥远，也很艰苦。英国天文学家爱丁顿带着一支热情和好奇心极强的观测队出发了。观测结果与爱因斯坦事先计算的结果十分吻合，从此相对论得到世人的承认。

日食的计算涉及到太阳和月亮运动的准确性，因此古代许多天文学家用它来验证自己的历法。1969年还有人利用公元2年以前的25次日食记录来计算

地球自转速率的长期变化。另在日月食中也发现了沙罗周期。

在考古断代中，根据历史中的日食记载，可以帮助精确地确定历史事件的具体时间，是十分可信的手段。

日全食要离地球而去

在漫长的岁月中，地球的自转在渐渐变慢。使得地球变慢的主要因素是潮汐作用。潮汐的影响在今后将使地球和月球呈现出一些有趣的天文景象。

我们知道，月球的视半径略大于太阳的视半径是发生“日全食”的首要条件。虽然在一般情况下，太阳的平均视半径略大于月球的平均视半径。但是，由于地球的轨道和月球的轨道都是椭圆的，因此，目前当太阳位于远日点而月球位于近日点时，月球仍会全部遮住太阳而发生“日全食”。

潮汐使地球自转变慢，因而地球自转角动量逐渐减少。由于地球的总能量守恒，自转角动量的减少必定引起月地距离增大以达到平衡。

当月球从现在平均离地球 356 334 千米向外推延到 375 455 千米，即月球与地球距离比现在再远 23 121 千米时，“日全食”就不可能发生了。演变到这种状况约需 750 000 000 年，事实上所需时间可能会更长，因为当月球远离时，潮汐的作用减弱了，同时推移的速度也慢下来了。

潮汐引发巨浪

据估计，要达到上述这段距离可能需近 10 亿年。这就是说，尽管在今后的每世纪里日全食的次数将逐渐减少，但要等“日全食”现象完全消失，则可能还要近几十亿年的时间呢！

丧失“日全食”的观察机会，无疑对天文工作者及天文爱好者都是一个损失。值得庆幸的是，随着“日全食”次数的减少，“日环食”的出现机会在逐渐增多，这对人们来说，也算是一种补偿吧！

目前月球的自转与公转周期是同步的，因此，半个月球是永远向着地球的，另半个月球是永远背向地球的。将来，月地距离变大，月球旋转速度减小，周期变长。但地球的周期增长更快，当地球自转速度慢到与地球公转周期相同时，月球对地球的潮汐作用就停止，于是地球也以一面朝向月球。

如果那时在月球上观看地球，则只能看见半个地球。反过来，在地球上观看月球，那也只能在朝向月球的那个半球上。背向月球的另一半球的居民，为了“赏月”，只能长途旅行到朝向月球的半球上。至于哪半个地球将朝着月球，现在是不能预料的。

不过，我们目前还不必担心哪一天月球会“不辞而别”。因为要去“旅行赏月”，至少是50亿年后的子孙后代考虑的事。或许那个时候，人类早已经迁居到其他星球上去了。

知识点

潮汐

潮汐现象是指海水在天体（主要是月球和太阳）引潮力作用下所产生的周期性运动，习惯上把海面垂直方向涨落称为潮汐，而海水在水平方向的流动称为潮流。是沿海地区的一种自然现象，古代称白天的河海涌水为“潮”，晚上的称为“汐”，合称为“潮汐”。

潮汐是所有海洋现象中较先引起人们注意的海水运动现象，它与人类的关系非常密切。海港工程，航运交通，军事活动，渔、盐、水产业，近海环境研究与污染治理，都与潮汐现象密切相关。尤其是，永不休止的海面垂直涨落运动蕴藏着极为巨大的能量，这一能量的开发利用也引起人们的兴趣。

延伸阅读

日全食总是出现在不同的地方

2008 年 8 月 1 日之前发生的日全食，在我国的合适观测带却只有少数西北偏远地区。众所周知，日食是因为月球挡住了太阳的光芒。日食发生时，被月球挡住阳光的区域在月地之间形成一个阴影“圆锥”，地球表面擦过它的部分才能看到日全食。由于日月轨道所限，地表能切到“圆锥”的最大截面，直径也不到 270 千米，随着地球自转扫过狭窄的一条能看到日全食的地带。每次日全食发生时日、地、月三者的相对位置和角度不同，月影“圆锥”也就扫在地球上的不同地点。虽然日全食并不像彗星、流星雨那样周期动辄千百年，但对某一地区而言，眼下媒体商家大力渲染的“数百年一遇”并不夸张。

日环食与日偏食

现在我们已经知道：当月亮跑到太阳和地球之间，而且三者又位于一条直线上时，便会发生日全食。当月亮离地球较近时，它可将光球全部挡掉，离地球稍远时，就只能挡住光球的中央，而不能挡住整个圆面了。

这又是为什么呢？如果你举起一只手，把它放在眼睛跟前，它就把一切都挡住了；把手放远一些，它还能遮住一个很大很大的气球；但放得更远些它就连一个排球也遮掩不住了。

同样的道理，因为月亮离地球也是有时近有时远，所以当它离地球近时就显得更大，就能遮挡掉更大的范围；而离地球远时，它就只能档住光球的中央部分，而露出周围的一个亮圈了。这种景象就叫做“日环食”。

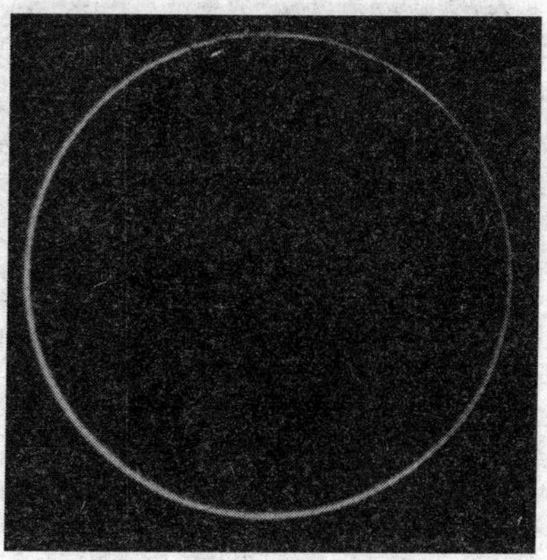

日环食

1958 年 4 月 19 日，在我国的海南岛发生过一次日环食。与日全食一样，人们看到的中央的黑圆影仍旧是月亮。但是，周围的亮圈不再是日冕了。这一圈是光球的边缘。这时，月亮离地球远，因此显得更小了，它不仅不能掩住色球层，而且连光球也不能全部挡掉。光球的中央部分已被月亮遮去，但留下了边上的一圈依然放射着光辉。

天空还相当明亮，日冕和色球层仍旧被淹没在光亮的天空之中，用肉眼还是看不到它们。总的说来，日环食的景象是远逊于日全食的，但是见到它也同样是机会难得的。

月亮远离地球，以致于月影本身（每当月亮离地球最远时，本影长度只有 368 000 千米，不再能到达地面。月影的延长部分（叫做伪本影），投到了地球上的某个区域；这个区域的人，虽然着不到太阳光球的中央部分，却还可以看到它的边缘部分。也就是说，看到了日环食。

因此，我们可以说：当地球上的人位于月球本影之中时，他就看到日全食；而位于月亮的伪本影之中时，就看到日环食。

如果在日食过程中被月亮遮挡的不是太阳的中心部分，而只是太阳的某边缘部分，那么，我们就说这时发生了日偏食。由于全食和环食都是太阳中心部分被挡住，所以我们又把它们合称为中心食。

容易理解，当地球某个区域发生中心食时，在这个区域的周围，一定有更大的范围可以看到日偏食。

见到偏食的地区，并不在月亮的本影或伪本影之内，只能着到一部分的太阳光。这时，来自太阳面某一部分的光被月亮挡住，于是这部分太阳光也造成了月影。

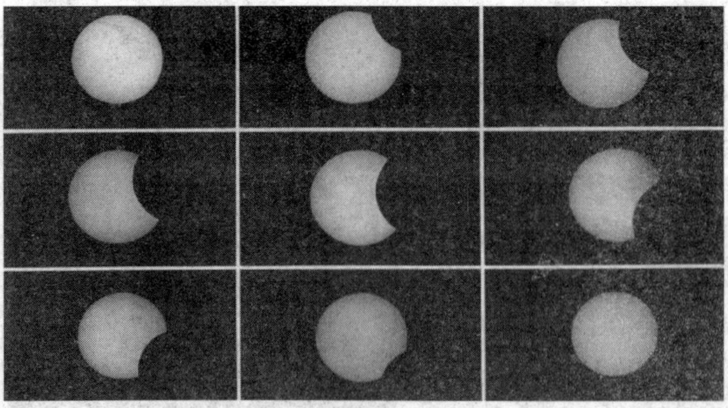

日偏食全过程

但是，未被月亮挡住的另一部分太阳圆面却仍能照射到刚才所说的那种影子里来。因此这样的影子叫做半影。半影比没有影子的地方暗，但比本影要亮得多。地球上位于月亮半影内的人，就能看到日偏食。

有时候虽然地球上的任何地方都没有发生中心食，但是却在某些地方发生了日偏食。因为这时月亮的本影和伪本影都落在地球之外，而半影的一部分却扫过了地面。

偏食往往不太能引起人们的注意。有时候大半个太阳已经被月亮遮住了，而路上的行人还毫无感觉呢！

知识点

半　影

不透明体遮住光源时，如果光源是比较大的发光体，所产生的影子就有两部分，完全暗的部分叫本影，半明半暗的部分叫半影。

半影指天体本影周围有部分光通过的影区。呈圆锥形，顶端指向太阳。其边界同月球（或地球）、太阳相内切。在半影区内只能见到部分太阳。当月球半影扫过地球时，便发生日偏食。

延伸阅读

观测注意事项

观测日环食最重要的就是要保护眼睛，虽然日食是太阳或者部分被遮挡，太阳光并不是十分刺眼，然而1%的太阳面积所发出的光比电焊发出的光的亮度还要强，如果直接注视太阳时间稍微过长，就会导致视网膜黄斑被烧伤，造成“日光性视网膜炎”，一旦烧伤，视网膜黄斑将永远无法复原。被伤当时可能会没有感觉，但几小时以后就会出现不良反应，严重者造成永久失明。

观测时一定要用减光装置，譬如，专业观测镜，或者是到专业观测点进行观测，虽然专业观测镜滤光条件比较好，但是也不能长时间观看，一定不要用肉眼直视太阳。

日食发生的不同阶段

让我们一起来仔细观看一下某次日全食的始末吧：晴空朗朗，万里无云，阳光普照大地，万物欣欣向荣，到处一派生机。

忽然，光辉的日轮西边缘，被一个黑影侵蚀了。这个黑影，当然就是我们多次提到的月亮了。因为月亮绕地球转动时，是从西向东“跑”的，所以它先挡住日轮的西边缘。月亮刚触及到太阳的那一瞬间，即月轮的东边缘和日轮的西边缘相外切的一刹那，就是日食开始的时刻。这是月轮和日轮的第一次相切，也是日全食的第一个重要阶段，叫做初亏。

从初亏开始，就是偏食阶段了。月亮继续往东运行，日轮的发光面积逐渐减小。慢慢地，太阳变成了镰刀形，但是它依然很耀眼。

在即将发生日全食的时候，我们把月亮到太阳的中心连一条线，这条线就表示这一次发生日全食的时候，月亮遮挡太阳行进的方向。日食的程度用食分来表示，食分就是太阳的直径与被食部分的比例。

我们把太阳的直径当成1。如果食分为0，就表示没有日食，如果食分为0.5，就表示太阳的直径被遮住了一半；如果食分为1，就是全食。食分越大，被食得越多；食分越小，被食得越少。

初亏的一瞬间，就是食分从零变到大于零的转折点。

太阳的发光面积继续减小，食分越来越大。日轮变成了蛾眉“月”，眼看

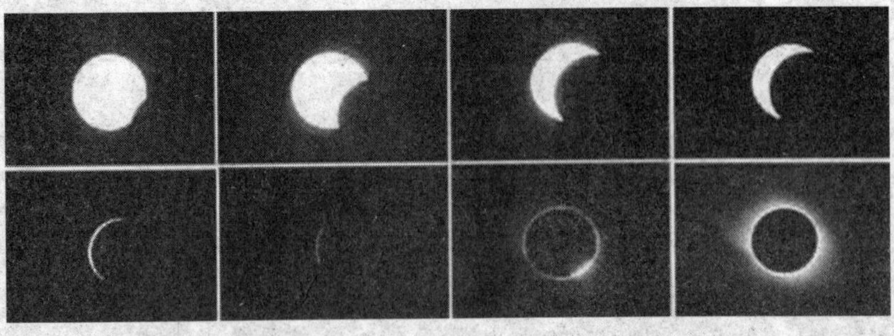

日食发生的全过程

着它的光辉就要消失了。月亮述是不停地往东运行，它将要把整个太阳光球完全覆盖掉。

最后一线阳光正在消失。但是出乎意料的是，这时却加入了一个非常精彩的节目：倍利珠。可惜这个节目很短，一两秒钟之后它便无影无踪了。就在这时，白昼刹时间变成了黄昏，真正的全食开始了。日全食的第二个重要阶段，叫做食既。食既时，月轮的东边缘和日轮的东边缘相内切，也是月轮和日轮的第二次相切。

月轮很快就到了日轮的中央。也就是说，现在月轮中心与日轮中心靠得最近。这一瞬间叫做“食甚”。

这是日全食的第三个重要阶段。这时候，日珥和日冕展示在你的眼前。如果你注视一下地平线的话，那么可以看到一圈宛若朝霞的淡红光辉。整个日全食过程到此恰好完成了一半，剩下的一半就好像把刚才放过的这段“电影”再倒过来放一次一样。

现在，月轮已经越过太阳的中心。当月轮的西边缘与日轮的西边缘相内切时，全食的过程便告结束。

这是月轮和日轮的第三次相切，它是这次日食全过程的第四个重要阶段，叫做“生光”。

“生光”这个名字，真是名副其实，太阳立即重新生光了。日冕、日珥隐没了，光球再度显示出它的威力，放射出万丈光芒。

生光之后，食分渐减。月亮继续往东撤出它所入侵的“领土”。日轮的发光面在扩大，“蛾眉月”似的太阳出现了，一会儿，它变成了“镰刀”形。

日轮的发光面还在扩大……最后，月轮的西边缘终于也跑出了太阳圆面。

临别时，月轮西边缘和日轮东边缘相外切，这是第四次相切了，也是最后一次相切。这时，食分重新降为零，整个日食过程全部结束，太阳恢复了圆形。

因此，日食的这个最后阶段——第五个重要阶段，就叫做“复圆”。

日全食的过程是如此的绚丽多彩，甚至可以称得上惊心动魄。当这场“电影”放映结束时，你一定会很自然地定下神来，看看地面上的种种景象有没有发生什么变化，那么，你会发现：一切如常。

日环食的全过程同样包括初亏、食既、食甚、生光和复圆等 5 个阶段。它们的含意和日全食的情况相同。月轮和日轮共有 4 次相切（两次外切，两次内

日偏食

切)，食甚仍然是日心和月心靠得最近的那一瞬间。但是，对于日环食，即使在食甚时，食分也小于一。日环食远没有日全食那样引人注意，也不会有日珥和日冕。

对于日偏食也容易明白，月轮和日轮只在日食开始和结束时各外切一次，而不会互相内切。因此，日偏食就只有初亏、食甚和复圆3个阶段。

知识点

初亏

日全食的5个阶段是初亏、食既、食甚、生光、复圆。“全食始”就是食既，“全食终”就是生光。

由于月亮自西向东绕地球运转，所以日食总是在太阳圆面的西边缘开始的。当月面的东边缘与太阳圆面的西边缘相外切的时刻，称为初亏。初亏也就是日食过程开始的时刻。

延伸阅读

日浪

太阳光球层物质的一种抛射现象。通常发生在太阳黑子上空，具有很强的重复出现的本领。当一次冲浪沿上升的路径下落后，又会触发新的冲浪腾空而起，如此重复不断，但其规模和高度则一次比一次小，直至消失。位于日面边缘的冲浪表现为一个小而明亮的小丘，顶部以尖钉形状向外急速增长。上升的高度各不相等，小冲浪只有区区几百千米，大冲浪则可达5 000千米，最大的竟达1万~2万千米。抛射的最大速度每秒可达100~200千米，要比最快的侦察机快100多倍。当它们到达最高点后，受太阳引力的影响，便开始下降，直至返回到太阳表面。人们从高分辨率的观测资料中发现，冲浪是由非常小的一束纤维组成，每条纤维间相距很小，作为整体一起发亮，一起运动。

日食带的含义

北京的长安街是东西方向的。晚上，假如你在长安街上从西向东行走的时候，每盏路灯都会把你的影于投到地面上。现在请注意一下，你走过某一盏路灯时，一影子是怎样移动的。

开始，你在灯的西面，身影就顺着街道向西躺着；慢慢地，你走过了这盏灯，到了它的东边。影子呢？当然也就慢慢地转到了灯的东面。

这个现象虽然十分简单，但对说明日食的道理却很有帮助。

如果把太阳当作路灯，把月亮当作行路的人，那么，月影就相当于人的身影。月一亮从西向东运动，它的影子就从西向东扫过地面。月影所到之处，构成了一条带子，这条带子的延伸方向也是从西向东：影子先在西边，逐渐移向东边。

我们已经知道：月影之内，可见日食。于是，在月影扫过的带内，就都可以看见日食。所以，这条带就叫做“日食带”。带内发生日全食的，就叫全食带；带内发生日环食的，就叫环食带。可以看见偏食的地区，通常非常广阔，已经不像一条带子，而是很大的一片了。

从上面讲的道理，就可以知道：总是日食带的西端先看到日食，东端晚看到日食。那么这条带往西、往东，两头一直延伸到什么地方呢？

太阳每天从东方升起，所以越是东面的地方，太阳升起来越早；越是往西，太阳升起得越晚。因此日食带的最西端，至多只能伸展到这样的地方：当太阳刚从地平线上升起时，月亮的影子已经扫到了这里，并且立刻又移到更东面去了。也就是说，太阳刚出来，日食就结束了。

在这个地方的东面，太阳已经更早地升起，月影即将从西面扫过来，因此，再过一会儿，马上就可以看见日食了。

在这个地方的西面，太阳还在地平线以下，还是晚上当然就不可能看到日食。等到太阳升起时，月影老早就跑到很东面的地方去了，所以这儿不能看见日食。

这样，就确定了日食带的西端。

再来思考一下，日食带的东端又在那里呢?

越往东，太阳不仅升起越早，而且落下也越早，月影来到的时间却越晚。那么，很显然，日食带最多只能往东延伸到这样的地区：月影刚刚扫到此地，太阳正好降到地平线。也就是说，日食刚要开始，太阳已经下山，白天结束。太阳看不见了，当然也看不到什么日食了。

在这个地方的西面，太阳尚未下山，月影已经扫到，因此发生日食。在这个地方的更东面，白昼已经过去，太阳要等明天才会升起，这次的日食，此地是见不到了。

这样，就确定了日食带的东端。

知识点

全食带

全食带，英文全称 zone of totality，指的是可见到日、月全食的区域。

2009 年 7 月 22 日的日全食，因全食带横扫中国人口密集的长江流域，中国成为 2 132 年以来全食时间最长的一次日全食东道主国家，因此此次日全食在世界天文学界也被称作“中国日全食”，一场声势浩大的日全食观测高潮已在全食带上演。紫金山天文台、南京大学天文系和中国科技大学地球和空间科学学院合作，沿全食带地区布置了 17 个观测点，“连成”一条“夸父逐日”线，如果观测成功，就能首次获得日食发生时 40 分钟的连续高时空分辨率内冕像。

“只要在全食带内，任何一个地方看日全食都没有区别。”面对目前白热化的“日全食最佳观测地”之争，国际天文学联合会日食组主席杰·巴萨乔夫接受记者采访时一再强调。

“普通公众可以选择去全食带的任何一个地方观察，没必要跟风。”巴萨乔夫说。

“公众对日全食的兴趣高涨，这很好，”巴萨乔夫说，“但他们没必要跑远，身处杭州、上海和成都等全食带的居民很幸运，只要在户外能看见太阳即可。他们需要注意的是安全防范，如日全食前后必须使用特殊的滤光膜观察等。”

延伸阅读

世纪日食带

2009 年 7 月 22 日的日全食备受关注，其掩食带之宽，时间之长，经过地区人口之多，实属罕见。唯一不太有把握的就是全食带内的天气，景海荣建议，想欣赏日全食的朋友要随时关注天气预报来选择观测地点。本次日全食基本发生在东半球，从印度开始，经过尼泊尔、孟加拉国、不丹、缅甸之后进入中国。全食带先后穿过西藏自治区东部、云南省西北部、四川省、重庆市、湖北省、湖南省北部、安徽省、江西省北部、江苏省南部和浙江省北部，在中国最大的城市上海入海。此后全食带还会经过日本九州南部和太平洋上的一些岛屿，最后在东南太平洋上结束。

在 5 个多小时的时间里，日食带横扫东半球，其中全食时间最长的位置在太平洋中，可达 6 分 39 秒，中国全食带内大部分地区都能看到 4 分钟以上的日全食。据粗略统计，全食带经过的地区在我国就有 3 亿人口，成都、重庆、武汉、杭州和上海等大城市都在全食带中，是观测带旅游的理想选择地。

日食和太阳元素

氦是地球上最轻的元素之一，仅次于氢。在化学元素周期表中，氦排列在第二位。氦的英文单词是“Helium”，来源于希腊文单词“Helios”，意思是“太阳”。因此，氦也被称为太阳元素。但是，氦元素和太阳有什么关系呢？为什么要把它叫做太阳元素呢？

这一切都得从一个日食说起。1868 年发生了一次日食。在日食期间，日珥的光谱观测获得成功。天文学家们在分光镜中看见了几条谱线，其中一条是从来没有见到过的黄线，它像钠的谱线，但又不是钠的谱线。钠的谱线波长是 589 纳米（5 890 埃），而这条黄线是 587. 5 纳米（5 875 埃）。

因此，对于是否有这条黄线存在，科学家之间产生了分歧。有的肯定地说，它就是钠线；有的则说，这不是钠，它是只有太阳上才有的一种未知元素，并把它叫做氦，意思是只有太阳上才有。

天文学家推测，氦是很轻的气体，因为它浮在太阳的高层大气中。氦只存在于太阳高层大气中吗？有人不相信，于是开始在地球上寻找。

这当中出现了一段插曲：英国物理学家莱列伊在精密测定氮的重量时，发现从氨中提取的氮和从空气中提取的氮重量不同。他怀疑从空气中提取的氮不纯，很可能混进了比氮重的气体。为了尽快弄清为什么从氨中提取的氮比从空气里提取的轻，他邀请著名化学家拉姆泽一道研究。

在研究当中，拉姆泽想起 100 年前卡文迪许的一个实验。1785 年卡文迪许在从空气中提取氮的时候，发现玻璃试管中有一种气体形成的小气泡，无论怎么敲击总不和氧化合。拉姆泽想：莱列伊大概和卡文迪许碰上同样气体了。

于是他在更大的规模上重复卡文迪许的实验。经过大量实验，1894 年，拉姆泽查明了这种不和氧化合的气体的身份：这是一种新的气体，名字叫氩。它是一种惰性气体。

氩发现以后，拉姆泽以为大功告成了。可是没过多久，有人指出著名的旅行家诺尔登舍尔德从挪威带回一种钇铀矿，可以分解出一种不同氧化合的气体，这种气体的光谱不是氩的光谱，而有黄色明线，很像太阳上氦的光谱。

为了弄清这是什么气体，拉姆泽想了好久。一次他想起了 25 年前在日珥光

钇铀矿

谱中发现的黄色明线——氦元素。啊，钇铀矿中分解出来的气体不就是氦吗！几乎在同一时间，瑞典物理学家兰格列也发现了氦。

从此，“只有在太阳上才有的”氦在地球上报户口了。氦是一种很轻的元素，仅比氢重，在门捷列夫周期表上占据第二位。它是很好的冷却剂，经常用来充填高空科学探测气球。繁华的闹市区闪烁的黄蔷薇色霓虹灯中也是充的氦气。早年“只有在太阳上才有的”氦，已为人类造福了。

在发现氦元素的过程中，日食起到的作用可真不小啊！如果没有日食，也许人类永远也不会发现太阳元素！

知识点

卡文迪许

英国物理学家和化学家卡文迪许，担任过英国皇家学会会员等，从事科学研究，其重大贡献是建立电势概念、测量万有引力扭秤实验等，论文有《论人工空气》且获皇家学会科普利奖章，而卡文迪许工作室被后人筹建成著名卡文迪许实验室。爱德华王子岛卡文迪许，是旅游胜地，有着古迹阿卡迪亚丛林，自然景观海滨等，宜人的气候，友好的民众，名人故里，等等。职业自行车运动员卡文迪许，曾是场地选手，现为职业公路赛选手（现效力于美国的哥伦比亚车队），2005 年自行车世锦赛麦迪逊赛冠军和 2008 年环意大利自行车赛 2 个赛段冠军等。

延伸阅读

太阳元素主要来源

氦气最主要的来源不是空气，而是天然气。原来氦气在干燥空气中含量极微，平均只有百万分之五，天然气中最高则可含7.5%的氦，是空气的1.5万倍。可是这种高氦的天然气矿藏并不多，因为天然气中的氦气是铀之类的放射性元素衰变的产物。只有在天然气矿附近有铀矿时，氦气才能在天然气中汇集。

如果地球上没有氦，我们的生活并不会受到太大的影响。氦气的密度要比空气小得多，所以如果往气球和飞艇里充入氦气，气球和飞艇会冉冉升起，让我们不用坐飞机也能实现飞到空中的梦想。可是如果我们没有氦气球和氦气飞艇，起码还有氢气、热气球和飞艇。当然，因为氢气和空气混合后会爆炸，所以氢气球和氢气飞艇并不安全。氢气飞艇曾经被当做大型载人飞行器使用，但是在1937年德国的“兴登堡号”飞艇在美国着陆时不慎着火爆炸之后，它就彻底退出了历史舞台。不过，热气球和热气飞艇还是比较安全的，而且飞行一次的花费也比较便宜。

神奇的月食现象

月食是和日食相对的一种天文现象，和日食一样，月食也具有极大的天文观测价值。月食发生时，地球位于太阳与月球之间，地球遮挡了本应该照射到月球上的光，在地球上的人们就看到了月食。月食可分为月偏食、月全食及半影月食 3 种，每年发生月食数一般为 2 次，最多发生 3 次，有时一次也不发生。

月食是如何发生的

宇宙中的星星像走马灯似的，来来往往，穿梭不停。地球围着太阳转，月亮绕着地球行，月亮和地球一起绕着太阳运行。

当月亮、地球和太阳三者走到一条直线附近时，就有可能发生日月食。因为月亮和地球都不发光，它们是靠太阳光照亮的。在太阳照耀下，月亮和地球的后面拖着一条长长的黑影子。

当月亮转到太阳和地球中间，太阳、月亮和地球几乎成一直线时，长长的月亮影子就落到地球上。在月亮影子里的人看起来，太阳被月亮遮住，便成了日食。

当地球转到太阳和月亮中间，太阳、地球和月亮几乎成一直线时，长长的地球影子落到月亮上，这便形成了月食。

由于地球相对于月亮的影子有相对的移动，月亮相对于地球的影子也有相对的移动，因此日食时太阳是一点一点被“食”掉的，月食时月亮也是一点一点被“食”掉的。

日月食是分别由月亮影子和地球影子造成的。由于它们的影子不同，便产生出不同的“食”。

月亮的影子有本影、半影和伪本影之分，它们分别对应着不同的日食情形。本影是一个会聚的圆锥，投向它的阳光全部被月亮挡住，位于本影内的人看到的是日全食。

在半影内，月亮只遮住日面的一部分，看到日偏食。

月亮在椭圆轨道上绕地球运行，到地球的距离时远时近。当月亮离地球较近时，在地球上的人看起来，月亮表面比太阳表面还大，它能把整个日面挡住。在这种情况下，月亮的本影可以投到地面上，造成了日全食或日偏食；当月亮离地球较远时，在地球上的人看起来，月亮表面比太阳表面小，它不能把整个日面挡住，月亮本影的锥顶位于地球上空，只有伪本影落在地面上。在伪本影内的观测者看到黑暗的月面周围有一圈明亮的光环，这叫日环食。

因此，日食有日全食、日偏食和日环食 3 种。有时，沿日食带观测时，起初看到日环食，中间看到日全食，最后又看到日环食。这种情况叫做全环食。

月亮位于地球附近，地球的本影又很长，因此地球的本影比月亮直径宽得多，所以月食没有环食，只有全食和偏食。如果月亮在地球本影边缘掠过，只有一部分掠入本影，便发生月偏食；如果月亮钻入地球本影，就发生月全食；如果月亮钻入地球半影，就发生半影月食。发生半影月食时，肉眼一般看不出月亮明显变暗，所以天文台一般不作预报。

应当指出，月全食时并不是一点月光都见不到，而是能看到一个古铜色的月面。之所以如此，是因为穿过地球低层大气的太阳光受到屈折，进入地球本影，投射到了月面上。

知识点

天文台

天文台是专门进行天象观测和天文学研究的机构，世界各国天文台大多设在山上。每个天文台都拥有一些观测天象的仪器设备，主要是天文望远镜。

可分为：

1. 光学天文台

主要装备各光学天文仪器，如光学天文望远镜、太阳镜等，从事方位天文学或天体物理学方面的研究。

2. 射电天文台

一般主要由巨型甚至超巨型的无线接受设备和基站等构成，装备射电望远镜，观察的范围更大，受干扰小，从事射电天文学的研究。

3. 空间天文台

主要由一些用于空间观测的人造卫星组成，配备非常先进的光学观测系统。

延伸阅读

月食分类

月食可分为月偏食、月全食及半影月食3种。当月球只有部分进入地球的本影时，就会出现月偏食；而当地球的本影的直径仍相当于月球的2.5倍，所以当地球和月亮的中心大致在同一条直线上，月亮就会完全进入地球的本影，而产生月全食。而如果月球始终只部分为地球本影遮住时，即只有部分地球的本影，就发生月偏食。月球上并不会出现月环食。因为，月球的体积比地球小，月球进入地球的本影区内，所以不会出现月环食这种现象。每年发生月食数一般为2次，最多发生3次，有时一次也不发生。因为在一般情况下，月亮不是从地球本影的上方通过，就是在下方离去，很少穿过或部分通过地球本影，所以一般情况下就不会发生月食。据观测资料统计，每世纪中半影月食、月偏食、月全食所发生的百分比约为36.60%，34.46%和28.94%。

月食和月相有哪些差异

月食有两种，即月全食和月偏食。“月环食”是没有的。在前文中，我们已经提到了月食产生的原因。太阳照着月亮，产生了月影；照着地球，就产生了地影。由于地球比月亮大得多，所以和月影相比，地影可说是又粗又长。这个道理容易理解，一根电线杆的影子当然要比一根扁担的影子粗得多！当月亮跑到和太阳相反的方向上，而且又和太阳、地球处在同一条直线上时，就发生了月全食。

这时，月亮跑到了地球的影子中。既然它自己不会发光，阳光又照不到它，当然我们也就看不到它了。

月全食和日全食一样，也有初亏、食既、食甚、生光和复圆 5 个阶段：月亮刚开始触及地影是初亏，月亮恰好完全进入地影的一刹那，是食既，月亮跑到地影最中央（即月心与地影中心靠得最近）时为食甚，月亮开始从地影中重新冒出头来为生光，月亮彻底离开地影的瞬间是复圆。初亏到食既是偏食阶段，食既到食甚再到生光是真正的全食阶段，生光到复圆又是偏食阶段。

有人认为，月食和月相变化是一回事，那可错了。我们在前面的内容中已经介绍了，月相变化，就是月亮的盈亏圆缺变化：农历初一前后，看不见月亮；初三的月亮弯弯地像个细钩，初四的月亮像蛾眉，初五如镰刀，初七、初八，半个月亮天上挂，十一、十二月亮已经长成了大半个圆，十五、十六满月如玉盘。下半个月，月亮圆而复缺，盈而复亏：十八、十九又成了大半个圆，二十二、二十三还剩下一半，二十五如镰刀，二十六似蛾眉，二十七又成了个细钩，到了月底，月亮又看不见了。

每个月都有月亮的圆缺变化，月复一月，年复一年，周而复始，每次都是那样准确，这究竟是怎么回事呢？

让我们邀请一位朋友，带上一个又大又黑的球，和一只手电筒，一起进入一间暗室来作一次月亮圆缺的演示吧！

把手电筒放到和眼睛差不多高的桌子上，并且将它放平、开亮，朝你的方向照来。再请你的朋友拿着那个大黑球站到你和手电中间，把它也举到手电筒那么高，而且让手电筒照亮它。这时，你就很容易看到：向着手电筒的那半个黑球变亮了，而背着手电筒的另外半个球则仍是黑暗的。亮的半边总是面向手电筒，不管球怎么放，都是如此。

这时，再请你的朋友就这么拿着球，让这球保持固定方向绕着你打转。而你自己呢？眼睛也要跟着球跑。当然，要做到这一点，你自己就必须在原地“自转”了。当你们这样做的时候，你也就看清楚了：大黑球被照亮的部分，时而整个儿地面向着你，时而完全背对着你，有时让你见得多些，有时却只让你看见细细的一条弧线；有的时候则刚好让你看到一半，也就是说，这时候你看到的那个球，是个半圆形，就像初七、初八的月亮一样。

月亮盈亏，也就是这个道理。把手电筒当作太阳，把大黑球当作月亮，把你自己当作地球。太阳照亮半个月亮，亮的半而永向太阳。月亮老是围着地球打转，它那被照亮的半边就时而背着地球（初一），时而面向地球（十五、十六），有时被我们看到多一点（十一、十二，和十八、十九），有时被我们见得少些初三、初四，和二十六、二十七），也有的时候恰好只被我们看见一半（初七、初八和二十二、二十三）。

月亮绕地球转一圈，就完成了圆而复缺、缺而复圆的整个月相变化过程。弄清楚这个道理，对于了解日食、月食的成因是有很大帮助的。就拿天上月亮的运行来说吧，假如白道面和黄道面重合的话，那么每到农历初一，月亮跑到太阳、地球的中间，当亮的半面朝着太阳、暗的半面向着地球时，它就总和太阳、地球在同一条直线上。

于是每个月的初一就一定要发生一次日食了。不仅如此，而且每到农历十五、十六，月亮就一定会跑到地球的影于中去，人们就永远也看不到整夜的满月了。

代替每月一整夜满月的将是每个月发生一次月食，这对人们来说并不是什么愉快的事情吧！

然而，事实上白道和黄道并不重合。所以，当月亮转到和太阳同一方向上时，并不是每次都会挡住太阳的。从地球上看来，它的位置有时比太阳高些，有时又比太阳的位置低些。

当然，也有时它正好从太阳“而前”经过，也只有在这时候，从地球上有些地区看来，月亮把太阳挡住，日食发生了。

同样，当月亮转到和太阳相反的方向上时，也就不一定每次都钻到地影中间去。有时它从地影的上面经过，有时却从地影下方溜走。当然，也有时它正好穿过地影，那么，月食就发生了。

总之，日食如果发生，那么必定在农历初一；月食如果发生，那么一定在农历十五、十六（有时十七）；而反过来却并不是每个农历初一都发生日食，也并不是每个月半都出现月食。

在月食程过中，月亮完全进入地球本影，发生的是月全食；在月食过程中，月亮始终只有部分进入地球本影，发生的是月偏食。和日偏食一样，月偏食只有初亏、食甚和复圆，而没有食既和生光的阶段。

地影很长，大约是 1 万千米，它伸展到月球轨道处的截口直径大约是 9 100 千米，还比月亮本身粗大得多，所以月亮能进入地球的本影。对月食来说，不需要考虑地球的伪本影，也就是说，地影决不会仅仅挡住月亮的中央部分而留下月轮的一圈边缘，这就是永远不会发生“月环食”的原因。

如果月亮只是进入了地球的半影，而没有进入地球本影，那么按理说这也是一种“食”，它叫做“半影月食”。但是，事实证明，这时月亮变暗很少，人们的肉眼发现不了，所以也就很少关心它，而且一般也不把它叫做月食了。

知识点

月　相

月相是天文学中对于地球上看到的月球被太阳照明部分的称呼。月球绕地球运动，使太阳、地球、月球三者的相对位置在一个月中有规律地变动。因为月球本身不发光，且不透明，月球可见发亮部分是反射太阳光的部分。只有月球直接被太阳照射的部分才能反射太阳光。我们从不同的角度上看到月球被太阳直接照射的部分，这就是月相的来源。月相不是由于地球遮住太阳所造成的（这是月食），而是由于我们只能看到月球上被太阳照到发光的那一部分所造成的，其阴影部分是月球自己的阴暗面。

延伸阅读

第一个登月的人

尼尔·奥尔登·阿姆斯特朗（Neil Alden Armstrong）1930年8月5日生于美国俄亥俄州瓦帕科内塔。1955年获珀杜大学航空工程专业理学硕士学位。1949—1952年在美国海军服役（飞行驾驶员）。1955年进入国家航空技术顾问委员会（即后来的国家航空和航天局）刘易斯飞行推进实验室工作，后在委员会设在加利福尼亚的爱德华兹高速飞行站任试飞员。1962—1970年在休斯敦国家航空和航天局载人宇宙飞船中心任宇航员。1966年3月为“双子星座”8号宇宙飞船特级驾驶员。1969年7月20日，搭乘“阿波罗”11号宇宙飞船登月成功，成为人类第一个踏上月球的人。

月食发生有哪些规律

前面讲过，日食是月亮影子扫过地球形成的。月食是月亮钻进了地影的结果。因此，发生日月食的首要条件是太阳、月亮和地球三者大体上位于一条直线上。没有这个条件，月亮的影子扫不到地球上，月亮也进不了地球的影子，日月食也就无从谈起。

在朔的时候，月亮走到地球和太阳的中间，它的影子有可能扫过地球，因此，日食一定发生在朔，即农历初一。在望的时候，地球处在太阳和月亮之间，月亮有机会进入地球的影子，因此，月食一定发生在望，即农历十五或十六。

但是，并不是每次朔都发生日食、每次望都发生月食。这是什么原因？原来，月亮沿白道绕地球转，地球沿黄道绕太阳运行。白道和黄道之间并不重合，两个轨道面之间有5°9′的交角。

如果白道面和黄道面重合，那么每次朔一定发生日食，每次望一定发生月食。由于白道面和黄道面之间有交角存在，就可能发生下面两种情况：一种是在朔或望时，月亮不在黄道面上或黄道附近，这时就不会发生日食或月食。另一种是在朔或望时，月亮正好位于黄道面上或黄道面附近，这时就有可能发生日食或月食。

这后一种情况，只有在太阳和月亮都位于黄道和自道交点附近时才有可能，因此日食或月食一定发生在太阳和月亮都位于交点附近的时候。

在地球上看来，太阳和月亮圆面的直径大约都是半度，黄道面和白道面的交角是5°9′。根据这些数值不难计算，在黄道和白道交点两边各18°31′的范围之外，不可能发生日食；而在15°21′以内，一定会发生日食；在18°31′到15°21′之间，可能发生日食。这个能发生日食的极限角距离叫做日食限。

同样，月亮距黄道与白道交点大于12°15′，不可能发生月食，小于9°30′，一定发生月食；在12°15′与9°30′之间，可能发生月食。

如果按日期来计算，可能发生日月食的那段时间称为食季，意思是发生日月食的季节。太阳每天在黄道上由西向东移动1°，食限在黄道上的距离大约是36°，因此太阳在黄道上走完日食食限大约需要36天，这就是食季长度。

食季长36天，而朔望月长29.53天，因此，在食季时间内，必定有一次朔日，就是说一定要发生一次日食。由于黄道和白道有两个交点（一个升交点，一个降交点），在每个交点附近，都有一个食限，因此在一年之内至少有两次日食。当然，这是指全球而言的，对于某一个局部地区丽言，不会每年都能观测到日食。

月食的情况则完全两样，有的时候可能一年不发生月食。然而太阳在某年年初经过黄道和白道一个交点，年中经过另一个交点，年底又经过前一个交点时，这一年内最多可能发生7次日月食，即5次日食和2次月食，或者4次日食和3次月食。

“四十一月日一食，五至六个月月亦一食，食有常数”，这是我国古人分析日月食出现的规律后得出的结论。

食有常数，意思是说日月食的发生是有一定规律的。掌握了这种规律，就可以预报日月食的发生时间。

关于日食的具体规律，我国早在《史记·天官书》中就有记载了，在汉代编算的《三统历》中已有日月食循环周期的记载。《三统历》周期是11年少31天。也就是说，日食每过11年少31天重复发生一次。比如1958年4月19日发生过日食，1969年3月18日又有日食，1980年2月16日再发生日食。按照这个规律，1991年1月16日、2001年12月15日都将有日食。月食也是一样，1970年8月17日有月食，1981年7月17日有月食，1992年6月15日也将有月食。这是粗略预报日月食的好方法。

除了我国的《三统历》周期外，还有沙罗周期。“沙罗”的意思是重复。沙罗周期是古巴比伦人发现的，它取223个朔望月的周期。223个朔望月等于6 585.321 12天，相当于18年零11.3天。它和19个交点年（6 585.780 59天）相差很小。这个沙罗周期就是18年零11天的周期。例如1980年2月16日发生了日食，按照沙罗周期，1998年2月27日和2016年3月9日又将发生日食。

应当指出，不管采用《三统历》方法，还是用沙罗周期来推算日月食，都是粗略的。这是因为我们取11年少31天也好，取18年零11天也好，都只取了整数值，整数后面的尾数没有计算在内，这样，经过几个周期后就会有几天的误差。所以不能用这些方法去推算长时间后的日月食。

知识点

黄赤交角

地球的自转轴（地轴）与其公转的轨道面成66°34′的倾斜。地球的自转同它公转之间的这种关系，天文学和地理学上通常用它的余角（23°26′），即赤道面与轨道面的交角来表示；而在地心天球上，则表现为黄道与天赤道的交角，并被称为黄赤交角，又称“黄赤大距”。黄道与天赤道的两个交点，叫白羊宫（白羊座）第一点和天秤宫（天秤座）第一点，在北半球分别称为春分点和秋分点，合称二分点。黄道上距天赤道最远的两点，叫巨蟹宫（巨蟹座）第一点和摩羯宫（摩羯座）第一点，即北半球的夏至点和冬至点，合称二至点。二至点距天赤道23°26′，称黄赤大距，是黄角交角在地心天球上的表现。

黄赤交角在天球上也表现为南北天极对于南北黄极的偏离。天轴垂直于赤道面，黄轴垂直于黄道面，既然黄赤交角是23°26′，那么，天极对于黄极的偏离，必然也是23°26′。

延伸阅读

月食历史记载

公元前2283年美索不达米亚的月食记录是世界最早的月食记录，其次是中国公元前1136年的月食记录。月食现象一直推动着人类认识的发展。古代中国与非洲民间认为月食是“天狗吞月”，必须敲锣打鼓才能赶走天狗。在汉朝时，张衡就已经发现了月食的部分原理，他认为是地球走到月亮的前面把太阳的光挡住了，“当日之冲，光常不合者，蔽于地也，是谓暗虚，在星则星微，遇月则月食。”公元前4世纪，亚里士多德从月食时看到的地球影子是圆的，而推断地球是球形的。公元前3世纪的古希腊天文学家阿利斯塔克（Aristarchus）和公元前2世纪的伊巴谷（Hipparchus）都提出通过月食测定太阳—地球—月球系统的相对大小。伊巴谷还提出在相距遥远的两个地方同时观测月食，来测量地理经度。2世纪，托勒密利用古代月食记录来研究月球运动，这种方法一直延用到今天。在火箭和人造地球卫星出现之前，科学家一直通过观测月食来探索地球的大气结构。

研究月食有哪些科学意义

研究日月食有重要的科学意义。因此，世界各地的天文工作者们往往不辞辛劳，万里迢迢地赶赴日全食现场，进行观测，以取得宝贵的第一手资料。简单地说，在日全食时主要可以进行如下的科学研究工作。

准确地确定日全食开始和结束的时刻，定出太阳和月亮的相对位置，可以更精确地研究地球、月亮的相对大小、形状、它们的运动和轨道的有关情况。

检查月、地轨道在几千年的期间内有没有变动。

日全食是研究色球层和日珥的大好时机。只有在日全食时才能获得较多的色球光谱，从而为研究色球层内的物理条件和化学成分提供依据。在 1868 年日全食时，就曾经在日珥的光谱中发现了鲜明的黄线，这种线条在当时地球上已知的元素中还没有发现过。经过几年之后，才在地球上发现这种元素的光谱，它就是氦，这是研究日全食的科学意义中最生动的事例之一。

它也是研究日冕的好机会。例如可以研究日冕的形状和它的变化，研究日冕内的凝聚区域，日冕的旋转速度，日冕的组成成分等等。

可以研究太阳光球的“临边昏暗”规律。理论和实践都已证明：一个从里向外温度逐渐降低的高温气体球，必定出现“临边昏暗”现象。也就是说，它的视圆面中心最亮，越向边缘就越暗。太阳的临边昏暗现象早就被发现了，日轮中心最明亮，越是临近边缘就越昏暗。掌握了临边昏暗规律，就能反过来推算太阳光球内的物理状况（温度、压力、电子密度等等）。日全食时，月亮把太阳从中心到边缘的各个部分依次挡去，就为研究临边昏暗现象提供了方便。日环食虽不及日全食，但也还是研究临边昏暗的有利条件。

便于研究太阳表面的局部区域。例如，在月亮掩食太阳的过程中，我们发现太阳的某一局部区域被挡前后，从太阳来的无线电波（称为太阳射电）的总强度有了显著的减弱，那么这个区域就一定是个发射无线电波的强大“源泉”，它叫做太阳上的“射电源”。从我们所接收到的射电强度的变化情况，就可以反过来推算射电源的状况。日偏食和日环食时，也可以进行这项研究工作。

日冕环

“引力会使光线偏折吗?”这个问题是很有研究价值的。爱因斯坦在 20 世纪初根据他提出的广义相对论（关于引力问题的一种物理理论），预告由于太阳引力的作用，星光从太阳旁边经过时，就会发生偏折，偏折的方向是向太阳靠拢，星光方向改变的大小是1角秒。平时由于阳光灿烂，看不到太阳近旁的星，所以无法测量星光究竟是不是偏折了。日全食时，天空昏暗，和太阳方向靠得很近的那些星星显现出来，就有可能测量了。进入20世纪以来，曾经利用许多次日全食进行了测量。由于这种测量困难很大，极难测准，所以各次测量的结果往往不太一样，有时甚至差得很多。但是，基本上都肯定了：星光经过太阳近旁时，确实会朝着太阳偏折，而且偏折的数值比原来测定的还要大（约为2角秒多些）。这个问题很复杂，还有待于今后做更多的研究。

除此之外，日全食还有利于寻找新的、离太阳很近的行星和彗星。日全食对各种地球物理现象的影响现在也很受重视：研究全食时地磁、地电的变化；与黑夜极光相对比研究白昼极光；研究全食时的电离层和短波通讯情况等都是很有实际意义的。口全食和气象的关系也很值得注意。例如，有时云层正好在全食前局部地消散了，全食后又出现了，1966年11月12日巴西和巴拉圭的日全食就是这样，类似的情况历史上还有过几次，有人认为这与日全食的降温作用有关。但是，全食时正碰上阴天，以致使观测者们一无所获扫兴而归的实例，却也屡次发生。

最后，在日全食时进行生物的生态观测，也是内容丰富多彩而又生动有趣的事情。

对月食的观测和研究也具有重要的科学价值。利用月食时观测掩星，可以推定月亮的体积、视差及月亮轨道的准确位置；测量各不同食分时月面辐射热的分布；通过观察月食时的铜红色月面，拍摄光谱以研究地球大气的组成状况等等。

古代的日月食记载也有它的实际应用价值。例如，我们可以根据现在地球的自转情况，来推算历史上的日、月食应发生在何时何地。这样算出的结果，往往在时间和地点上与古代记录的日月食情况有差异。根据这种差别，就可以计算地球自转的变化情形，它证明了地球的自转在逐渐变慢。

知识点

月球轨道

月球轨道以27.32天完整地环绕地球一圈。地球和月球的质心在距离地心4 700千米（地球赤道半径的2/3）的地球内部，两者各自围绕着质心运转。月球与地球中心的平均距离是385 000千米，大约是地球半径的60倍。轨道的平均速度是1.023千米/秒，月球在恒星的背景之间大约每笈时移动0.5°，这相当于月球的视直径。月球的轨道不同于大部分行星的天然卫星，它是接近黄道平面，而非地球的赤道平面。月球轨道面相对于黄道平面的倾斜只有5.1°，自转轴的倾角也只有1.5°。

延伸阅读

潮汐演变

月球施加于地球的万有引力是造成海洋发生潮汐的起因。如果地球的海洋拥有全球一致的深度，月球将会使固体的地球（只有极小的改变量）和海洋都变形成为椭球型，最高点就直接出现在朝向月球和背对月球的一点。但是因为地球有着不规则的海岸线和多变化的海洋深度，就只能想象这种理想状态了。一般来说，潮流的涨落周期与月球环绕地球的轨道周期同步，但会随着月相变化。虽然很罕见，但在地球上有些地区每天只有一次的潮汐涨落。

由于地球的自转，潮汐的突起会略为超前地月系统的轴线一些，这是海水在海底的移动和在海湾的出海口进出造成摩擦和能量散逸的直接结果。每个凸出部分都会对月球施加少量的引力，因为地球带动这凸出物向前运动，与月球最接近的凸起部分会沿着月球轨道轻微的拉扯月球向前；背向月球那一侧的凸起物则产生相反的效应。但是较靠近月球的凸起物因为距离较近，对月球的影响也较大，因此结果是地球的转动惯量逐渐地转移到月球轨道的转动惯量。这使得月球的轨道慢慢地逐渐远离地球，每年移动的量大约是3.8厘米。为了维持角动量守恒，地球的转速正逐渐减慢，使得地球的一天每年延长约17微秒(这个数字会使地球日每60 000年增加1秒钟，每400万年增加1分钟，10亿年增加4小时。往回推算，当6 500万年前恐龙在地球上出没时，一天的长度是23小时)。参考潮汐加速有更详细的说明和参考资料。

所以月球正逐渐远离地球，并进入较高的轨道中，而依据计算（根据NASA和喷射推进实验室（JPL））认为这个过程将再持续大约20亿年。届时，地球和月球的轨道将成为“自转—轨道共振”，月球大约每47天绕地球公转一圈（目前是27.32天)，并且地球和月球的自转也是相同的这个周期，即两者始终以相同的一面互相环绕者。除此之外，很难说地月系统还会发生什么样的改变。

月食发生时的亮度

由全食的月球的颜色和其他特征以及邓祥制订的月食光度表，评定月球的亮度。如果你有近视眼，拿下你的眼镜，比较失焦的月球和失焦的恒星（已知亮度)。如果你有双筒望远镜，反过来看月球，并配合亮度减弱系数，再比较肉眼观察恒星的亮度。记录在月偏食的每一阶段，月球边缘的可见程度，以及暗淡的恒星转为可见的情形。月球在满月时的亮度达-12等，在较亮的月全食时降到-4.0等，在很暗的月全食时约可降到4.0等。近代评定月食时的月球亮度几乎都是使用20世纪初法国天文学家邓祥制订的月食亮度表，该表分为5个L级距，L表示光度（Luminosity)，每个级距都有各自的定义。这个分级表极为有用，但总有一些月食是混合型的。所以，有时候你可以使用小数，例如：L=3.4、L=2.5来评分，甚至给予不同的月面位置不同的等级。那么在月全食的不同阶段呢？大部分的书籍都指出邓祥月食亮度表的理想适用时间为食甚前后。不过该表的确包括一些本影边缘的特征，通常只有在食既或生光前后才看得到。

邓祥月食亮度表：

L=0　非常暗的月食，月球几乎看不见，尤其是在食甚时。

L=1　暗的月食，灰色至棕色，月面的细节难以分辨。

L=2　深红或锈红的月食，本影中央特别黑，外部边缘则较亮。

L=3　砖红色的月食，本影边缘较亮、黄黄的。

L=4　橘色或古铜色、非常明亮的月食，本影边缘明亮、蓝蓝的。

或许在邓祥月食亮度表以外的最好方式是比较被食的月球的亮度和行星或恒星的亮度。但是，相形之下，月球的总亮度是散布在很大的区域，我们如何来比较两个不同物体的总亮度呢？如果你的近视眼度数很深，你只要用手拿着眼镜来观看失焦的月球和恒星，只要它们的影像差不多大了，就可以比较它们的亮度（如果月亮和恒星有不同的仰角高度，需考虑大气消光的影响。如果你没有戴眼镜，你可以使用凸面的镜子或圣诞树玻璃挂饰类的反射物体来比较月球和恒星。（它们可以让月球看起来很小。）

双筒望远镜

如果你有双筒望远镜，你可以反过来用大镜片的那一端来看月球，月球会变成亮度大减的一个点，这样就可以和肉眼所见的恒星来比较亮度。用错误的方式来看月球，其亮度会减多少只和望远镜的倍率有关。假设光线经过双筒望远镜时损失了25%，月球和行星观测者协会订出了倍率－亮度减弱系数：6X－4.2 等、7X－4.5 等、8X－4.8 等、10X－5.3 等、11X－5.5 等、20X－6.8 等。人们还可以做哪些事来辅佐邓祥月食亮度表呢？该表提到了一些月面特徵的可见性，你是否可以增加一些叙述，例如月球海的可见程度，最小可见的月球海，月球边缘的可见程度等等。这是有点狡诈的问题，因为月食时，月球某一侧的亮度可能会造成另一侧的边缘较难见到。最后，你还观察在月食时从背景浮现出的无数恒星，来测量月食的黑暗程度。即使是最明亮的月食也允许出现同样的效果，如同最暗的月食。只有在初亏至食既的阶段，如果可看到更多的恒星，才表示将会出现较暗的月食。不过这个测量方式的难度颇高，因为你只有短暂的时间测量极限星等，而且你的观测地点可能本身有些限制（例如光害），或是受到当晚的大气清澈度（Transparency）的影响。当然，评定月食时月球的颜色和亮度会受到你的气象及天空条件的影响。所以尽量选择远离城市光线的观测地点，并祈祷有一个非常清朗的天空。

知识点

双筒望远镜

双筒望远镜（以下简称“双筒镜”）具有成像清晰明亮、视场大、携带方便、价格便宜等优点，很适于天文爱好者用来巡天和观测星云、星团、彗星等面状天体。

如果你过去一直使用高倍率、长焦距的天文望远镜，也许还没有意识到自己已经失掉了很多观测的乐趣，那么请试用一下双筒镜，你一定会被视场中平时未曾欣赏过的美景深深地陶醉。由于双筒镜有着广泛的用途，所以在市场上它的品种繁多，性能也相差很大。

双筒望远镜是一样很有用的天文观察工具。你可以用它来观看一场球赛、演唱会或是天上的飞鸟。你也可以用它来欣赏200万光年之遥的银河、月球上的坑洞、围绕木星的几个卫星及无数星星。

许多人都错以为双筒望远镜在天文观察上没有作为。事实上，它是很多资深的天文观测者喜爱的工具。

延伸阅读

月全食过程

可以分为7个阶段：1. 月球刚刚和半影接触时称为半影食始，这个时侯肉眼觉察不到；2. 月球同本影接触时称为初亏，这时月偏食开始；3. 当月球和本影内切时，称为食既，这时月球全部进入本影，全食开始；4. 月球中心和地影中心距离最近时称为食甚；5. 月球第二次和本影内切时称为生光，这时全食结束；6. 月球第二次和本影外切时称为复圆，偏食结束；7. 月球离开半影时，称为半影食终。在月偏食时没有食既和生光，半影月食只有半影食始、食甚和半影食终。月球在半影内时，月面亮度减弱很少。只有当月球深入半影接近本影时，肉眼才可以看出月球边缘变暗。月球在本影内时也不是完全看不见，即使在全食食甚时，也可以看到月面呈现红铜色。这是因为太阳光通过地球低层大气时受到折射进入本影，投射到月面上的缘故。

日食和月食的观测方法

日月食的发生具有很大的观测价值，瞬息万变的天文奇景也总是吸引着无数天文爱好者的眼球。虽然浩渺的星宇对我们来说总是那么遥远，但是只要掌握合适的方法，我们一样可以“近距离”接触它们。

不要以为观测日月食非要架设价格不菲的天文望远镜，其实生活中我们还有更多的实用方法。随着这一章的读完，相信当你下一次仰望星空时，会有不一样的绚烂与精彩展现。

肉眼观测日食有哪些方法

日食是一种罕见的自然现象，特别是日全食更是自然界的壮丽奇观。在日食的短暂时间里，科学家使用各种各样的天文望远镜和射电望远镜观测日食，对它进行拍照和记录，分析它的光谱和射电强度变化曲线。

每当发生日食，许多人都对这一天文现象感到极大的好奇，希望能仔仔细细地看看它是如何开始、如何发展变化直至最后结束。在观察日食时必须注意，不能用眼睛直接对着太阳观看。几十年前，德国有几十个人因直接用眼睛看日食而双目失明！

直接用眼睛看日食为什么会伤害眼睛，甚至使人双目失明呢？

大家都有这样的体会，用眼睛直接看太阳，即使只看短短的一刹那，眼睛就会受到很大的刺激，好久好久眼前一片昏暗，很难恢复过来。这是因为眼睛里有一个水晶体，它能起到聚光镜的作用，眼睛对太阳看，太阳光中的热量被它聚集在眼底的视网膜上，就会觉得刺眼。如果看的时间长一些，视网膜就会被烧伤而失去视力。

发生日食时，大部分时间都是偏食，月亮只挡住了一部分太阳，剩下的部分仍然和平常一样发出光和热，所以直接用眼睛看的时间长了，同样会烧伤眼睛的。

那么，是不是说我们不可用肉眼观测日食了呢？日食用肉眼就完全可以欣赏。在非全食时，我们的观测方法和平时观测太阳完全一样。由于太阳光太强，我们必须通过某种减光装置将太阳光大大减弱后再进行观测——比如墨镜就是这样一种减光装置，不过减光的幅度不够。

专门的天文器材商店会出售一种太阳滤光眼镜，用它就可以将太阳的强光绝大部分过滤掉，这时我们就能看到太阳圆圆的轮廓，以及被月亮遮挡的缺口。

观测日食

如果当时日面上有大黑子，我们甚至直接用肉眼就能看到！如果你买不到这种太阳滤光眼镜，那么也没有关系，可以找一些替代品。比如，3.5 英寸软盘的盘芯就是减光效果很好的塑料片，多找几片叠在一起就能达到专用太阳滤光片的效果。

另外电焊工人戴的护目头盔，那上面玻璃的减光效果也非常好。实在不行，还可以向普通玻璃求助。我们只需要将木柴烧着之后用烟熏玻璃，将其熏到足够黑，也能用来观测太阳。类似的办法还有很多，大家自己多多开动脑筋！

另外还有一个思路。我们知道在水里可以看到太阳的倒影，其实是太阳光被水面反射到了我们的眼中。这样的反射是不可能把所有太阳光都反射的，必然会有一部分因为吸收或者散射而损失掉，因此水里的太阳就没有那么亮了。这样，我们可以在空地放上一盆水，在水中欣赏日食过程。

当然，如果是普通的清水，那么太阳光还是减弱得不够，我们还需要往水里倒入一些黑墨汁，待其扩散均匀，水中太阳的亮度就会大大降低，因为黑色能有效吸收掉大量的太阳光，再反射到我们眼中的阳光就非常弱了。

全食开始前的日偏食阶段，大约持续一个多小时，这是你宝贵的准备时间。当然如果你已确保仪器正常，准备都已就绪，那就可以适当放松一下，来玩玩小孔成像的游戏。

小孔成像，是光直线传播原理的实验验证，用一个带有小孔的板遮挡在屏幕与物之间，屏幕上就会形成物的倒像。日偏食发生过程中，太阳的一部分被月球挡住，通过小孔，在后端我们设计好的“屏幕”上所成的像，就是“月牙”状的太阳了。

当然，多些小孔，也就会有很多“月牙”同时出现。

知识点

视网膜

视网膜居于眼球壁的内层，是一层透明的薄膜。视网膜由色素上皮层和视网膜感觉层组成，两层间在病理情况下可分开，称为视网膜脱离。色素上皮层与脉络膜紧密相连，由色素上皮细胞组成，它们具有支持和营养光感受器细胞、遮光、散热以及再生和修复等作用。

延伸阅读

观测日月食时注意安全

青少年学生应尽量参加学校组织的集体观看活动，如果单独行动，也一定要在家长的指导陪伴下观看日全食。在选取观测地点时，除应考虑到观测效果外，还应注意潜在的安全隐患。建议就近在家里阳台上、花园里或小区空旷地观看日全食，不要到人群拥挤的地方去，防止发生踩踏等意外事故。不要为了寻找好的观测角度而攀登高处，以免失足跌落。

天文望远镜的目视观测法

如果用天文望远镜进行目视观测，那么也有两种办法。一种和上面的直接目视观测类似，在望远镜前端加上专用的太阳滤光膜，将绝大部分的阳光滤掉后，就能在目镜上用肉眼直接观测放大许多倍之后的太阳像了。

注意，这里的滤光膜必须安装在物镜的前端（就是镜筒处）而不能在目镜的前端，并且一定要用专用的滤光膜，不得用其他材料代替（比如把几张软盘芯粘在一起之类的），以防危险。要牢记，一旦前面的滤光装置出现问题，那么强烈的太阳光会对你的眼睛造成永久的伤害甚至造成失明，这点绝对不是耸人听闻的。

一般成套出售的天文望远镜都会配备有一片太阳滤光镜，用它加在望远镜前端就能观测太阳。不过这样的滤光镜效果往往比较差，其实我们还有更好的产品可以选择。

一般情况下，业余观测者用的最多的是巴德太阳滤光膜，简称巴德膜，滤光效果非常好。巴德膜常见型号又分为两种，密度5.0的滤光程度较强，适合目视直接观测。密度3.8的滤光程度适中，适合照相或者摄影观测，具体方法我们后面会谈到。

巴德膜就是一张薄膜，那么如何才能连接到我们的望远镜上呢？这就需要我们自己动手了。最简单的办法是根据我们望远镜镜筒的大小，剪两张正方形的硬纸板，要求能将镜筒彻底挡住并且还要多出一点点，然后在这两张纸板中央掏一个大洞，再把巴德膜剪成刚好能将大洞挡住还能多出一点点的正方形，然后把巴德膜夹在两张纸板中间，再将它们粘在一起，一张自制滤光片就做成了。

观测时，要小心地用胶带将滤光片粘在镜筒上，注意千万不能漏出任何缝隙，并且一定要粘牢靠，确保不会因为刮风或者意外碰撞而致使滤光片和镜筒之间露出缝隙。这时我们哪怕是多用一些胶带也要保证安全。如果你嫌这样粘滤光片太麻烦，那么也可以用硬泡沫来做。将泡沫按照镜筒的轮廓挖出一个深槽，但不要挖透，这样就能将泡沫很容易地套在镜筒上。

之后在泡沫的底部挖一个大洞，再用巴德膜在里侧将大洞覆盖住即可。要注意的是深槽内部要尽可能打磨平整，否则粘上去的巴德膜会凹凸不平，影响观测效果。

如果实在没有滤光片，那么还可以使用投影法进行观测。首先，我们将望远镜大概对准太阳方向，然后，将一只手手掌摊开放在目镜后面，离开目镜一个较短的距离，然后慢慢凭感觉寻找太阳的位置。

当你找到太阳时，太阳的强光会通过目镜在你摊开的手掌上形成一个亮斑。这时锁定望远镜，调整望远镜的焦距，你会发现在某个位置上手上的亮斑会变得非常清晰——这就是太阳的像！这时，你就可以把手拿开，在那里放上一张白纸，让大家一起来欣赏日食。

通过调整这张纸到目镜的距离，你还可以调整太阳像的大小，不过调整之后焦距也要进行相应的变化。

知识点

天文望远镜

天文望远镜（Astronomical Telescope）是观测天体的重要设备，可以毫不夸大地说，没有望远镜的诞生和发展，就没有现代天文学。随着望远镜在各方面性能的改进和提高，天文学也正经历着巨大的飞跃，迅速推进着人类对宇宙的认识。

延伸阅读

开普勒式望远镜

1611年，德国天文学家开普勒用两片双凸透镜分别作为物镜和目镜，使放大倍数有了明显的提高，以后人们将这种光学系统称为开普勒式望远镜。现在人们用的折射式望远镜还是这两种形式，天文望远镜是采用开普勒式。

需要指出的是，由于当时的望远镜采用单个透镜作为物镜，存在严重的色差，为了获得好的观测效果，需要用曲率非常小的透镜，这势必会造成镜身的加长。所以在很长的一段时间内，天文学家一直在梦想制作更长的望远镜，许多尝试均以失败告终。

日全食阶段的科学观测办法

说了这么多，都是针对非全食阶段的太阳的。到了日全食的时候，由于日面被月亮完全挡住，日轮边缘的色球层和日冕层的光线相对于光球层来说要暗得多，因此这时观测就不要用滤光装置了，不管是裸眼直接观测还是通过望远镜目视观测，都可以把滤光片摘掉，尽情地直接看吧！

全食阶段最好不用望远镜而用裸眼直接观测，这样才能最大限度欣赏日全食时的壮观景象——天空突然黑了下去，头顶太阳所在的地方是一个大黑窟窿，周围有光芒四射的日冕，天空中可能还有几颗亮星。

而在地平线附近，天空却呈现暗红色，仿佛傍晚提前到来了。当然，这时如果用望远镜观测，我们则可以清晰地看到日轮边缘粉红色的色球层，可能还有几朵向外伸展出去的日珥。而日冕层由于范围比日轮大得多，且没有太多肉眼可见的细节，因此用望远镜欣赏起来效果并不会比裸眼好。

另外，在食既和生光时有可能会出现倍利珠，目视观测的话几乎只能直接用裸眼看，因为如果想用望远镜观测，以食既时为例，由于我们不知道太阳在望远镜中的亮度什么时候才能被肉眼安全接受，因此把握不好摘掉滤光膜的时间。

摘早了会伤到眼睛，而要是摘晚了就失去意义了。放心吧，倍利珠直接用裸眼看已经非常壮观了！

知识点

倍利珠

日全食过程中，在太阳将要被月亮完全挡住时，在日面的东边缘会突然出现一弧像钻石似的光芒，好像钻石戒指上引人注目的闪耀光芒，这就是钻石环，同时在瞬间形成为一串发光的亮点，像一串光辉夺目的珍珠高高地悬挂在漆黑的天空中，这种现象叫做珍珠食，英国天文学家倍利最早描述了这种现象，因此又称为倍利珠。这是由于月球表面有许多崎岖不平的山峰，而太阳的圆面却十分光滑，因此在食既和生光的瞬间，阳光会从一些月边的环形山凹空中喷薄而出，形成一个个亮点，犹如美丽的珍珠。它们有时是单独一颗，有时连成一串。倍利珠的科学价值不是很大，但是这种千变万化，瞬息即逝的景象有无限的魅力，常让人如痴如醉，终生难忘。

延伸阅读

色　球

恒星大气的一层，包围在光球层之外。平时，由于地球大气中的分子以及尘埃粒子散射了强烈的太阳辐射而形成“蓝天”，色球和日冕完全淹没在蓝天之中。只有在日全食的食既到生光（见日食）的短暂时刻内，观测者才能用肉眼看到太阳圆面周围的这一层非常美丽的玫瑰红色的辉光。它是早期的日全食观测者发现的，于1869年由洛基尔和弗兰克兰首先命名。红色是由于色球光谱中波长为6 562.8埃的氢线Hα在亮度上占绝对优势的缘故。人们习惯地认为天体外层的温度总是低于内部。但是，在太阳大气层内却出现温度的反常分布。在厚度约2 000千米的色球层内，温度从光球顶部的4 600K增加到色球顶部的几万度，而其他的一些物理参数（如密度、电离度等）和一些物理过程也发生巨大的变化。因此，色球物理状况的研究，引起了太阳物理学者很大注意。

色球是一个充满磁场的等离子体层，在局部等离子体动能密度和磁能密度可相比拟时，能经常观测到等离子体和磁场之间的复杂的相互作用。由于磁场的不稳定性，常常会产生剧烈的耀斑爆发，以及与耀斑共生的爆发日珥、冲浪、喷焰等许多动力学现象。耀斑爆发时，还发射大量的远紫外辐射和X射线辐射以及高能粒子流。这些辐射对日地空间和地球高层大气影响很大。此外，色球、日冕等离子体和可变磁场以及由不稳定性引起的冲击波之间的相互作用，会产生大量不同频率的射电辐射，为色球、日冕物理性质和爆发现象的研究提供重要信息。因此，色球的研究无论对太阳物理还是对空间物理和地球物理，都有重要的意义。

色球层是太阳大气的中间层，平均厚度为2 000千米。密度比光球层稀薄。温度有几千至几万摄氏度；但发出的光只有光球层的几千分之一。

平时无法看到色球层，只有在发生日全食的时候，在暗黑日轮的边缘可以看到一弯红光，仅持续几秒钟，这就是色球的光辉。

光球顶部的温度为4 300℃，而色球顶部的温度却有几万摄氏度。这种反常现象到现在还没有找出确切的原因。

色球上最突出的特征是针状物。它们出现在日轮的边缘，像一些小火舌，偶尔腾出一束束的火柱。针状物从产生到消失只有10分钟左右的时间。

日食相机照相观测法

日食照相和摄像的基本方法，只需要把普通天文摄影和摄像的基本方法，和前文所述的目视观测太阳的基本方法结合起来就可以了。

在这里先谈谈天文摄影的基本方法。由于数码摄影时代已经到来，因此我们下文所述，如无特别说明，均以数码器材为准。

天文摄影最简单的方法是——用相机直接拍摄！对于太阳而言，许多照相机的长焦端都足可以拍到较大的像了，那么在非全食阶段，我们只需要将滤光片罩在相机镜头前就可以轻松拍摄。

如果你使用墨水盆法或者望远镜投影法观测日食，那么直接把你看到的拍下来即可。至于全食阶段，直接用相机对着太阳拍就行了。

用相机直接拍摄还可以实现许多创意摄影。最经典的是拍摄日全食的糖葫芦串像。

2005 年 10 月 3 日西班牙马德里上空发生了日环食。当时就有人利用这种方法拍摄了相片。

照片上的太阳从左往右表现出了这次日食的全过程。你知道这张照片是怎么拍出来的吗？原来，这是通过可以多次曝光的相机实现的。能实现多次曝光的照相机一般是胶片单反，也有一些中高端的数码单反相机有此功能，在这里我们以胶片单反为例。

多次曝光就是拍完一张照片后，先不过卷，还用同一张底片，进行再次曝光，这样可以获得一些特殊的拍摄效果。

具体到这张日食照片，摄影师首先选好拍摄地，然后提前在该地踩点，实地看在日食开始和结束时太阳的大体位置，确定如何取景。

由于太阳有东升西落的运动规律，而日全食和日环食全过程持续时间都比较长，因此日食开始和结束时太阳的位置差异会很大，取景时就要保证日食开始时太阳位于画面左侧，日食结束时太阳位于画面右侧，并且日食全程都能在画面上，且尽量不要被建筑物遮挡。

等到日食当天，摄影师就按照踩点时确定的方式取景。在日食开始时，相机前方加上滤光片，拍摄第一张太阳像。然后不过卷，过一段时间（比如 10 分钟），在同一张底片上重复曝光再拍摄一张太阳像，如此持续。

由于使用了滤光镜，而地面景物的亮度和太阳相比太暗了，因此根本拍不下来。到了全食或者环食发生时，我们摘掉滤光镜，直接拍摄太阳，这时才能同时拍下地面景物。接下来的复原过程，我们又使用滤光镜，一张张拍，直到最后。

这样，我们就最终在一张底片上拍下了日食全过程的一串像。

那么用普通数码相机能不能拍摄这样的串像呢？不能直接拍摄，但可以通过后期合成多张照片的方法实现。

知识点

数码相机

数码相机，是一种利用电子传感器把光学影像转换成电子数据的照相机。与普通照相机在胶卷上靠溴化银的化学变化来记录图像的原理不同，数字相机的传感器是一种光感应式的电荷耦合或互补金属氧化物半导体（CMOS）。在图像传输到计算机以前，通常会先储存在数码存储设备中（通常是使用闪存；软磁盘与可重复擦写光盘（CD－RW）已很少用于数字相机设备）。

延伸阅读

底片的分类

1. 以片幅大小分别

有常用的120型（中底片）、135型（最常用，底片宽35mm）、110型（小型匣式）等，还有另外为拍摄广告或大型海报而设的诸如4“x5”或8“x10”大幅底片。

60年代以前，常用的底片规格是120型。此后由于镜头生产技术的发展，中下价135照相机镜头质量大大提高，135型底片开始普及。直至70年代彩色摄影技术成熟，全自动的135彩色冲片晒相机充斥市面，120型底片正式被取代。

2. 以感光类型分别

有黑白底片、彩色底片、红外线底片及X线底片等。而彩色底片因应不同的光源色温，又分为日光片与灯光片，若用灯光片拍摄日光下的景物，则相片色调会偏蓝，反之则偏黄。

3. 以包装方式分别

又可分为软片和硬片。制成长条卷状的软片又称胶卷。120 型胶卷可以拍摄 12 张 6×6，俗称 2 寸半的底片。用一条较长的不透光纸卷起，一头插在铁片做的轴心上。纸向里面黑色，向外黄色（也有粉红色绿色），印有 1~12 字样。照相机后背有小窗孔，拧转卷片把手或卷片钮，看到号码对正窗孔就是到了预定位置。135 型胶卷可以拍摄 36 张俗称 1 寸的底片。片基上打有齿孔，相机内有齿轮勾住齿孔，拍摄时拧转把手过片。

日食望远镜拍摄观测法

通过望远镜进行天文摄影的基本方法有两种——直接焦点法（简称直焦法）和放大摄影法（简称放大法）。

放大摄影法比较简单，直接用相机对着目镜里的像拍照即可。由于太阳像较亮，因此这种方法用于拍摄太阳是完全可行的。

我们只需要先目视将太阳的焦距调清晰，然后手持数码相机，将镜头贴住目镜，此时数码相机本身的光学变焦要放在最广角端。注意微调镜头的角度和方向，以确保镜头和目镜同轴（左手可以同时捏住相机镜头和望远镜的目镜以帮助它们同轴），这时你会看到数码相机的液晶屏中央出现一个圆形的亮斑，这是目镜的视场，周围黑暗的部分是光学系统的暗角。

然后我们用光学变焦将焦距略微拉长，让视场扩大，减少暗角。当日面均匀地出现在液晶屏上时，半按快门，相机一般会自动对焦（有时需要把对焦模式设置成微距模式才能实现自动对焦）。如果因为日面缺乏特征，或者有风导致成像抖动等，有可能导致对焦失败。

这时，我们就只能使用相机的手动对焦功能（如果你的相机不具备此功能就没有办法了）。至于其他的拍摄参数，白平衡建议设置成“日光”，曝光参数可以尝试用相机的自动挡（一定要关闭闪光灯），如果不满足要求，再用 M 挡手动设置。

如果望远镜没有电动跟踪装置，那么曝光时间必须短才能保证太阳在照片上不拖线（比如短于 1/250 秒）。但太阳的总亮度又是有限的，因此这时就只能使用较低的放大率（但放大率太低会损失很多细节），或者设置较高的ISO（即感光度，但感光度越高画面噪点越多），如何在这些参数中寻求一个平衡要根据当时的太阳亮度、你手里的器材情况和你对画面的要求来灵活掌握。

直焦法相对来说麻烦一些。要用这种方法必须使用数码单反相机，这种相机的镜头可以拆卸，将其拆掉后，再把望远镜的目镜拿掉，然后将数码单反的机身和望远镜的主镜通过转接环接到一起，这就相当于用望远镜直接当相机的镜头。

这种方法的好处是经过的光学系统最少最简单，因此能保证质量最好的成像——虽然这样成出来的像没有放大法来得大。直焦法最关键的装置就是连接相机和望远镜的接环，这种接环在天文器材专营店能够买到。

单反相机观测日食

不过要注意你的相机是什么品牌的，不同品牌的数码单反其接口型号是不一样的；还要注意望远镜目镜端的接口是多大的，一般而言目前常见的目镜端接口的大小是1.25英寸的，也有一些好点的望远镜使用2英寸的大接口，而比较老型号的小望远镜其接口可能是1英寸的。

当你将相机连接到望远镜后面后，你要做的就是把相机的取景器当作目镜，找到太阳并用望远镜的调焦装置将其调节清晰，然后将相机的曝光模式拨到M挡，手动设置感光度和快门的数值。

由于太阳很亮，因此感光度一般设置到最低就可以，快门速度则可以通过实拍一回放找出最合适的数值。如果有条件，最好使用快门线或者遥控器进行拍摄，因为手按快门可能会引起抖动造成画面模糊。

知识点

目　镜

目镜也是显微镜的主要组成部分，它的主要作用是将由物镜放大所得的实像再次放大，从而在明视距离处形成一个清晰的虚像；因此它的质量将最后影响到物像的质量。在显微照相时，在毛玻璃处形成的是实像。某些目镜（如补偿目镜）除了有放大作用外，还能将物镜造像过程中产生的残余像差予以校正。目镜的构造比物镜简单得多。因为通过目镜的光束接近平行状态，所以球面像差及纵向（轴向）色差不严重。设计时只考虑横向色差（放大色差）。目镜由两部组成，位于上端的透镜称目透镜，起放大作用；下端透镜称会聚透镜或场透镜，使映像亮度均匀。在上下透镜的中间或下透镜下端，设有一光栏，测微计、十字玻璃、指针等附件均安装于此。目镜的孔径角很小，故其本身的分辨率甚低，但对物镜的初步映像进行放大已经足够。常用的目镜放大倍数有：8×、10×、12.5×、16×等多种。

延伸阅读

哈勃空间望远镜

哈勃空间望远镜是人类第一座太空望远镜，总长度超过13米，质量为11吨多，运行在地球大气层外缘离地面约600千米的轨道上。它大约每100分钟环绕地球一周。哈勃望远镜是由美国国家航空航天局和欧洲航天局合作，于1990年发射入轨的。哈勃望远镜是以天文学家爱德文·哈勃的名字命名的。

按计划，它将在2013年被詹姆斯·韦伯太空望远镜所取代。哈勃望远镜的角分辨率达到小于0.1秒，每天可以获取3～5G字节的数据。

由于运行在外层空间，哈勃望远镜获得的图像不受大气层扰动折射的影响，并且可以获得通常被大气层吸收的红外光谱的图像。

哈勃望远镜的数据由太空望远镜研究所的天文学家和科学家分析处理。该研究所属于位于美国马里兰州巴尔第摩市的约翰霍普金斯大学。

日食和月食对人类的影响

相信在很多人的童年记忆里依然清晰地留存着很多关于日月食的古老传说，随着年龄的增长，我们知道了日月食，于是不再担心那颗孤单的太阳被“天狗”吃掉，后来我们发现每当日月食，我们生活的环境总是有些许“联动”变化，比如潮汐。

随着知识的积累，我们越来越清楚了日月食变化对于我们人类的影响作用，于是我们开始探寻这种影响的形成原因和影响程度。

日食对地球生物有哪些影响

1980年2月16日，云南省发生了一次日全食，在日全食过程中，人们都很有兴致，除了进行各种项目的观测活动外，还专门注意到一些动物的异常表现，感到颇有些意思。

在日全食即将发生时，因为“黄昏”来得如此突然，天地忽然间朦胧起来，使得在田野里安详吃草的黄牛，着急地自动自觉地往村寨的牛圈走去……

人们还看到，昆明动物园里的一对大象，一反常态，在整个日全食过程中，它们奇怪地都将屁股对着太阳，好像不愿目睹太阳发生的这一“不幸”。就连笼子里的白玉鸟，也认为太阳“出了问题”，慌乱地乱飞乱撞，仿佛十分心烦的样子，待到日全食开始时，它们都静了下来，头都朝着一个方向，还有的用双翅趴在地上，似乎在代表它们的伙伴跪着向上天“祈祷”，祝太阳“平安无事”。

日全食即将发生时，人们又看到几批野鸟和大雁都急促地向东飞去，好像有什么在追赶它们一样，这正与月影移动的方向是一致的，日食时，月球的影子以每秒500米的速度由西向东扫过，在高空的飞鸟正是看到这个黑影在追逼它们。成群的大雁由于受到惊吓而乱叫着，但是它们的“人”字队形却不变，可见其组织纪律性的严格，真的叫人钦佩。

白玉鸟

鸡鸭的表现，更是有意思，它们可能认为是黑夜来临了。日全食开始前，天地呈现黄昏的景象，鸭子们就像寻找安全岛而躲避灾难一样，惊叫着向鸭舍飞奔。

日全食一开始，已经回到鸡舍附近的鸡群，也争先恐后地回到鸡舍，在鸡舍内开始夜间的休息。日全食结束，有些公鸡竟然伸长脖子“报晓”，刚进鸡舍才几分钟，它们以为新的一天又开始了，一边欢迎黎明的到来，一边又在呼唤人们起来工作，而这些鸡鸭也陆续出来觅食。至于这一“夜”为什么如此短暂，想必这些动物永远也不会知道其中的奥秘是来源于什么道理。

1987年9月23日，我国发生过一次罕见的日环食天象，那是我国20世纪见到的最后一次日环食。这次日环食地带，从新疆边陲博乐市起，经乌鲁木齐、太原、上海延伸到太平洋，横贯我国中部长达4 000多千米，宽度达150~200千米。当时，人们也注意到了一些非常有趣的现象。

据当时记者在现场观察到：当日食来临时，天空随之转暗，仿佛黄昏来临，10分钟内气温迅速下降8℃，天空中的鸟儿急速地飞入林中的草丛，地面上的公鸡啼鸣，母鸡领着鸡雏迅速归窝，蚊子也顿时活跃起来……

在我国古代的日食观测记载中，也有关于气温骤然下降，有时还伴有大风的记录。日食既然要影响环境，也必然会影响到生物。

据国外研究者观察发现，在日全食时，蚂蚁会静止不动；蜜蜂在食前半小时就开始返蜂房，不再外出，直到日食过后1小时才大量飞出；大头金蝇在日食环境中可发生形态变形；白天活动的飞禽，日食时活动减少，而夜间活动的鸟类却开始活跃；信鸽在日食时会失去定向能力……

自然环境的变化，必然会对人体产生相应的影响。日食环境对人体的影响与日食食分大小有关，日全食时影响最大。

1980年2月16日，那次日全食，上海某中医学院科研小组的成员前往全食地昆明，和当地医务人员一起，对55例心血管疾病患者进行了综合检查，结果表明70%以上的病人原有的主要症状加重，直到日食后两三天，病人的血压、脉搏、交感神经兴奋性才逐渐恢复到日食前的水平。

国内外许多观察记录表明，日食对环境及人体有一定的影响。这种影响主要是由于日食时月球遮住了太阳，使地球上的光线、温度、磁场、引力场和微粒辐射等物理因素发生短暂的突变所引起的。

但是这种影响是局部、十分微妙的，加上一个地方遇上日食的机会又较少，科研部门对这个问题的研究还不深入，掌握的资料也不够充足。日食为什么会对地球上的生物产生这些奇观的影响呢？要解开这个谜底，还有待于科学家们的深入研究。

知识点

交感神经

交感神经是自主神经的一部分。由中枢部、交感干、神经节、神经和神经丛组成。中枢部位于脊髓胸段全长及腰髓1～3节段的灰质侧角。交感干位于脊柱两侧，由交感干神经节和节间支连接而成，可分颈、胸、腰、骶和尾5部分。调节心脏及其他内脏器官的活动。交感神经系统的活动比较广泛，刺激交感神经能引起腹腔内脏及皮肤末梢血管收缩、心搏加强和加速、瞳孔散大、疲乏的肌肉工作能力增加等。交感神经的活动主要保证人体紧张状态时的生理需要。人体在正常情况下，功能相反的交感和副交感神经处于相互平衡制约中。

延伸阅读

宇宙运动的动力

科学家们一再通过各种的观测和计算证实，暗能量在宇宙中占主导地位，约占73%，暗物质占近23%，我们所熟悉的物质仅约占4%。所以宇宙的运动不是由我们所熟悉的物质来推动的，而是由暗能量来推动的。太阳系和银河系的运动都是漩涡型的，所以，暗能量必定以一种漩涡运动的形式存在，以便推动它们的这种运动。结果，在暗能量运动的范围内就会形成一种漩涡场，我们称之为暗能量漩涡场，简称为漩涡场。

漩涡场存在如下3种状态：膨胀、收缩和平衡。当太阳系漩涡场处于膨胀状态时，所有的行星都会远离太阳而去。当太阳系漩涡场处于收缩状态时，所有的行星都会向太阳靠近。当太阳系漩涡场处于平衡状态时，行星绕太阳运动的状态就会保持不变。就目前的情况来看，太阳系漩涡场处于平衡状态。在这种状态下，太阳系的暗能量将全部转化为太阳和行星运动的动能。换言之，太阳系的暗能量和太阳系物质运动的总动能是相等的。如果以 En 来表示太阳系的暗能量，以 Ep 来表示太阳系物质运动的总动能，则 $En = Ep$。

日食和短波通讯卫星导航

日食，尤其是日全食可以说是“百年不遇”的天文奇观。它不仅是人们欣赏“天狗吃太阳”这一神奇现象的难得机会，也给人们研究和认识太阳与地球的关系提供绝好契机。

但是，日食，尤其是日全食还会给人们的生活带来一些影响，其中影响较为明显的是短波通讯。万物生长靠太阳，由于太阳的普照，才有人们生活中熟悉的风雨雷电等天气过程，同样也正是由于太阳辐射，使得地球上空100千米到数千千米的大气层中产生了带电粒子，这些包含了带电粒子的地球大气层被称为电离层，是最接近人类生存环境、对人们影响最大的空间天气层。

说到日食对电离层的影响，就不得不说一下电离层的形成，电离层是由于太阳辐射（主要为紫外、远紫外及太阳软 X 射线辐射等）电离了大气的中性粒子（主要是氧气分子和氮气分子等），使得高层大气中出现了大量的自由电子和离子，可以严重影响无线电波的传播，所以受到人们的广泛关注。

一次日全食过程可以简单的理解成一次快速的“日落”和“日出”过程，由于太阳辐射的突然消失，高层大气中电子和离子突然失去了源头，电离层不同高度的电子和离子就会出现不同程度的减小。

在低电离层高度上，由于太阳辐射是电离层电子的最主要来源，日食期间太阳辐射的减小，会造成低电离层电子浓度的快速减小，其响应时间和日食时间对应较好。在稍高的电离层高度上，产生电子的来源主要是电离层中本身的输运和扩散等过程，日食的效果不如低电离层明显且响应时间滞后日食时间。

总体来说，随着月亮的阴影扫过地球表面，对应地区上空的电离层会出现电子浓度减少的现象，就像日落后电离层电子浓度下降一样；伴随着日食的恢复，太阳辐射重新使得高层大气中出现了电子，就像日出后电离层电子浓度快速上升一样。

在日全食过程中，由于太阳被月球遮挡导致地球电离层发生类似“快速日落日出”的变化，使得这段时间的中波和短波通信出现反常，有兴趣的人可以用可接收中波和短波的无线电收音机监测、记录日全食期间远处电台的信号变化。

由于调频（FM）广播电台、手机、对讲机、无线上网等都使用超短波，因此日全食对这些广播通信业务不会产生影响。但对于利用电离层反射进行的短波通讯和通过电离层的测绘、导航等用户来说，需要关注日食期间电离层变化导致的影响。

因此，专家们建议在日食发生前 1 小时至日食后 3 小时内，航空、航天、测绘、勘探等部门避免进行高精度作业，日食带所覆盖的城市注意调整其短波通讯频率，避免进行野外探险或考察活动。

知识点

卫星导航

采用导航卫星对地面、海洋、空中和空间用户进行导航定位的技术。利用太阳、月球和其他自然天体导航已有数千年历史，由人造天体导航的设想虽然早在19世纪后半期就有人提出，但直到20世纪60年代才开始实现。1964年美国建成“子午仪”卫星导航系统，并交付海军使用，1967年开始民用。1973年又开始研制“导航星”全球定位系统。前苏联也建立了类似的卫星导航系统。法国、日本、中国也开展了卫星导航的研究和试验工作。卫星导航综合了传统导航系统的优点，真正实现了各种天气条件下全球高精度被动式导航定位。特别是时间测距卫星导航系统，不但能提供全球和近地空间连续立体覆盖、高精度三维定位和测速，而且抗干扰能力强。

延伸阅读

电离层异常

实际上电离层不像上面所叙述的那样由规则的、平滑的层组成。实际上的电离层由块状的、云一般的、不规则的电离的团或者层组成。

1. 冬季异常

夏季由于阳光直射中纬度地区白天电离度加高，但是由于季节性气流的影响，夏季这里的分子对单原子的比例也增高，造成离子捕获率的增高。这个捕获率的增高甚至强于电离度的增高。因此造成夏季反而比冬季低的现象，这个现象被称为冬季异常。在北半球冬季异常每年都出现，在南半球在太阳活动低的年度里没有冬季异常。

2. 赤道异常

朝阳面电离层里的电流在地球磁赤道左右约 ±20°之间形成一个电离度高的沟，这个现象被称为赤道异常。其形成原因如下：在赤道附近地球磁场几乎水平。由于阳光的加热和潮汐作用电离层下层的等离子上移，穿越地球磁场线。这在 E 层形成一个电流，它与水平的磁场线的相互作用导致磁赤道附近 ±20°之间 F 层的电离度加强。

日食是怎样影响天气的

日食对人们生活的影响是多方面的，其中大家能够明显感受到的，除了短波通讯受到影响以外，最明显的就是它对天气的影响了。

日食发生时，朗朗乾坤顿时变成黄昏甚至黑夜，常引起古代人们精神上恐惧不安。实际上，此时地面天气确实也在相应发生着异常甚至剧烈的变化。但是，这种地面天气变化，天文学是不研究的，又不属于气象部门正常的业务范围，因此历史上鲜有这类研究报告问世。

有幸的是，1955 年 6 月 20 日，亚洲地区有一次日食。日全食区虽位于我国西沙和中沙海区纬度，但我国北纬 30°以南地区食分都在 50% 以上，北回归线以南的华南、西南地区更在 75% 以上（日全食时为 100%）。

而且，日食不仅正好发生在全年太阳高度最高的夏至日附近，而且发生在一天中太阳最高的中午前后，因此是一次极难得的观测机会。当时中央气象局（今为中国气象局）为此曾下文南方气象台站，要求进行日食气象观测。

美中不足的是，6 月 20 日我国南方地区已经进入雨季，是日许多地区有雨，仅广东和海南省天气条件尚好，因此日食气象变化也最显著，具体表现为以下几点特征：

第一，日食发生的时候，气温会逆降急剧。查阅我国当时南方气象台站报表，发现有数十个气象台站有日食气象观测记录。

气温变化以较晴的深圳最为显著。日食开始前 4 分钟即 10 时 32 分时，深圳气温为 30. 2℃，随着食分的增大，气温反常地从上升逆转为下降，食甚时

（12时11分）降为26.3℃，即逆降了3.9℃之多。食甚后气温重又上升，复元（13时29分）时回升到29.2℃，仍未达到日食开始前的温度。

第二，地面温度的变化比气温更大。这是因为气温昼升、夜降的热、冷源都在地面。

可惜当时深圳并没有地面土壤温度的观测报告，另选海南儋县为例。儋县初亏时气温32.4℃，食甚时30.2℃，即因为天上有云，日食过程中气温仅逆降了2.2℃。可是地面温度却从42.9℃剧降到32.5℃（复圆后升到41.4℃）即剧降了10.4℃！估计深圳当时地面温度变化比儋县更大。

第三，日食温度变化入地深度只比10厘米略深。可贵的是，海南省琼海气象台在日食过程中每4分钟观测一次气温，这使我们能够知道日食过程中气温最低的时刻不是发生在食甚，而是食甚后约半个小时，虽然气温不过比食甚时低0.2℃。

琼海每4分钟一次的地下温度观测还揭示了日食造成的地面温度逆降一般只影响到10厘米略深的地方，因为土壤是热的不良导体。在地下15厘米深度上，日食时温度已不再逆降。

第四，空气相对湿度明显逆升。日食时地面大气的相对湿度也有急剧变化。本来，在无日食的正常情况下，午后最高气温出现（约14时）前，相对湿度规律性持续下降（因气温持续上升），可是日食过程中因气温出现逆降而使相对湿度逆升。

例如深圳从初亏时的71%突然逆升到食甚时的88%。食甚后虽恢复正常下降，复圆时降到78%，但仍高于往日。

第五，日食使中午变成黄昏月夜。各地描绘日食时的天空变化很有趣。例如广州气象台记载："食甚时太阳光度甚弱，大约比平时减弱80%，阳光照在人身上也没有往常那种热的感觉。整个天空像月夜。"

广西百色报告说"地面上呈黄褐色"。广西南宁和北海分别描写天空呈"黄昏暗惨色"和"阳光很弱像傍晚"。云南丽江则记载了云色的变化，说透光高积云"云色淡黑，浓淡不匀"。

知识点

雨 季

“雨季”是指每年降水比较集中的湿润多雨季节。我国是一个季风气候明显的国家，其降水的季节分配差异较大。在此季节常常出现大雨和暴雨，其降水量约占年总量的70%，因此，雨季表现也比较明显，易造成洪涝灾害，所以又称为汛期。就大范围而言，一般南方雨季为4－9月，北方为6－9月。前后相差2、3个月。雨季结束是北方早，南方迟，一般前后相差仅20天左右。

延伸阅读

平均气温

指某一段时间内，各次观测的气温值的算术平均值。根据计算时间长短不同，可有某日平均气温、某月平均气温和某年平均气温等。通常通过气温的平均情况来表达气温一天的状况，这就是平均气温。由于不同气象站，每天观测次数不等，中国气象部门统一规定，日平均气温是把每天02时、08时、14时、20时4次测量的气温求平均，还要精确到1/10度。除了日平均气温，还有候（5天）、旬（10天）、月、年平均气温。以表达不同时段气温的变化特点。气象部门每天02时、08时、14时、20时（北京时）每隔6小时进行一次观测或者02时、05时、08时、11时、14时、17时、20时、23时每隔3小时进行气温观测。为了特殊需要（如航空），甚至进行间隔1小时、半小时的气象观测。

某日平均气温：某一天的最高气温和最低气温的平均值。

某月平均气温：某一月的多日平均气温的平均值。

某年平均气温：将今年的多日平均气温（或多月平均气温）的平均值。

月食与航天事业

嫦娥一号卫星于2007年10月27日23时50分48秒实施轨道调整，发动机点火60余秒，卫星轨道抬高近2 000米。北京航天飞行控制中心主任朱民才说，这是为了应对23天后将要出现的一次月食。朱民才说，2月21日将有一次月食，而这一天正是中国的传统节日元宵节。届时，整个月球以及绕月卫星都会被地球挡住阳光，预计时间为3～4个小时。这次轨道调整后，预计卫星在地球阴影中的时间将缩短至2小时左右。嫦娥一号卫星主要依靠太阳照射太阳能帆板供电，尽管星上装有蓄电池，但蓄电池只能保障短时间供电。

“提前20余天调整轨道，一方面可以节省大量燃料，另一方面也可以避免轨道动作太大对科学探测产生影响。”北京飞控中心轨道室主任唐歌实说。据这个中心轨道室副主任刘从军介绍，嫦娥一号卫星各项科学仪器工作正常，正在按原计划开展相关的科学探测活动。月食期间，星上个别科学设备将暂时关机，整体而言月食对卫星工作影响不大。另外，卫星在2007年8月还将遇到一次月食，也会提前调整轨道。据了解，在嫦娥一号卫星环绕月球飞行探测的一年寿命期内，卫星不可避免地要经历两次月食，每次月食的有效阴影时间均在3小时左右。月食对星上蓄电池组的低温放电能力、温度维持能力以及各设备的低温耐受能

嫦娥一号卫星

力提出了更高的要求。此外，如果蓄电池不能维持足够长的时间，由于电力问题，还会产生其他影响。因此，此次嫦娥一号卫星的设计中，科技人员充分考虑了月食对嫦娥一号卫星的不利影响，而实际效果将等待检验。月食是地球运行到太阳和月球中间、月球被地球的影子所遮掩时产生的一种天文现象。饶炜说，发生月食时，太阳光线被地球挡住，无法直接照射到月球，此时围绕月球运行的嫦娥一号卫星，将和月球一起进入几个小时的黑暗时光。

“月食的出现，卫星的供电系统和热控系统将面临严峻考验。”饶炜说。嫦娥一号在绕月运行过程中，主要依靠卫星上的太阳能帆板接受太阳照射发电，而在长达几小时的黑暗期内，卫星上的太阳能电池板将无法工作。另外，由于没有太阳的照射，卫星表面的温度会急剧下降，最低可达零下 130℃左右，对卫星上的各种设备是一个考验。针对这些影响，中国空间技术研究院的专家们进行了分析研究，并找到了解决方案。提高卫星自带蓄电池的性能，同时设法让嫦娥一号在月食期间“节衣缩食”。除保证最基本的部件用电外，卫星上其他部件尤其是“耗电大户”们将暂时停止工作，以便将电力损耗控制在最低水平。卫星上的隔热涂层、热管、加热器等器件也能起到一定的保温作用。

知识点

嫦娥一号

“嫦娥一号”是中国自主研制并发射的首个月球探测器。中国月球探测工程嫦娥一号月球探测卫星由中国空间技术研究院研制，以中国古代神话人物“嫦娥”命名。嫦娥一号主要用于获取月球表面三维影像、分析月球表面有关物质元素的分布特点、探测月壤厚度、探测地月空间环境等。嫦娥一号于 2007 年 10 月 24 日，在西昌卫星发射中心由“长征三号甲”运载火箭发射升空。嫦娥一号发射成功，中国成为世界上第五个发射月球探测器的国家。

延伸阅读

太空中的资源

太空资源泛指太空中客观存在的、可供人类开发利用的环境和物质。主要包括：相对于地面的高远位置资源，高真空和超洁净环境资源，微重力环境资源，太阳能资源，月球资源，行星资源等……

太空上可利用的资源比地球上可利用的资源要丰富的多。仅从太阳系范围来说，在月球、火星和小行星等天体上，有丰富的矿产资源；在类木行星和彗星上，有丰富的氢能资源；在行星空间和行星际空间，有真空资源、辐射资源、大温差资源，那里的太阳能利用有效率也比地球上高得多。高真空和高洁净是外层空间的显著特征，是进行许多科学实验、发展航天技术、生产电子产品和高级药品的理想环境，尤其它是人类的航天活动的先决条件。高真空、超洁净环境资源取得了相当大的实际效果，但微重力资源和太阳能资源的利用还处于试验、研究和创造条件的阶段。